APPLICATIONS

DE

ARITHMÉTIQUE

AUX OPÉRATIONS PRATIQUES

RECUEIL DE 1000 QUESTIONS MODÈLES

POUR L'ENSEIGNEMENT ÉLÉMENTAIRE

PAR

E. A. TARNIER

Docteur ès sciences, Officier de l'instruction publique
Chevalier de la Légion d'honneur
Inspecteur de l'instruction primaire à Paris
Membre du Conseil départemental de la Seine

ÉNONCÉS

AVEC LES RÉPONSES SANS EXPLICATIONS

QUATRIÈME ÉDITION

PARIS

LIBRAIRIE HACHETTE ET Cie

79, BOULEVARD SAINT-GERMAIN, 79

1877

APPLICATIONS

DE

L'ARITHMÉTIQUE

AUX OPÉRATIONS PRATIQUES

A LA MÊME LIBRAIRIE

Solutions raisonnées des 1000 problèmes contenus dans les applications de l'arithmétique aux opérations pratiques; nouvelle édition. 1 volume in-12, cartonné................ 3 fr.

Typographie Lahure, rue de Fleurus, 9, à Paris.

APPLICATIONS

DE

L'ARITHMÉTIQUE

AUX OPÉRATIONS PRATIQUES

RECUEIL DE 1000 QUESTIONS MODÈLES

POUR L'ENSEIGNEMENT ÉLÉMENTAIRE

PAR

E. A. TARNIER

Docteur ès sciences, Officier de l'instruction publique
Chevalier de la Légion d'honneur
Inspecteur de l'instruction primaire à Paris
Membre du Conseil départemental de la Seine

ÉNONCÉS

AVEC LES RÉPONSES SANS EXPLICATIONS

QUATRIÈME ÉDITION

PARIS

LIBRAIRIE HACHETTE ET Cie

79, BOULEVARD SAINT-GERMAIN, 79

1877

AVERTISSEMENT.

De nombreuses améliorations ont été introduites dans cette nouvelle édition.

Le nombre des *exercices* a été augmenté et fixé à *mille*.

Comme ces exercices sont des *types*, des *modèles*, en quelque sorte des *formules* embrassant la presque totalité des problèmes élémentaires, le maître, par un *travail personnel*, pourra en augmenter le nombre selon les besoins de son enseignement. Nous donnons ainsi satisfaction à ceux qui désapprouvent les recueils où les questions sont tellement nombreuses que le professeur n'a plus rien à faire.

Nos mille questions sont numérotées sans interruption de 1 à 1000 dans chacun des deux volumes, en sorte que l'on peut trouver immédiatement sous le même numéro : dans le tome Ier les *Énoncés* accompagnés chacun du nombre ou des nombres demandés, mais sans aucune explication ; dans le tome II les *Solutions raisonnées*.

Ce cours de problèmes variés s'adapte à tous les traités d'arithmétique élémentaire.

Les calculs des solutions ont tous été vérifiés de nouveau.

Les diverses parties de l'enseignement élémentaire nous ont fourni les matériaux utiles et instructifs de cet ouvrage, et nous avons eu soin de n'employer dans les données que des nombres conformes à la réalité.

Nous ne terminerons pas sans prier MM. les Professeurs de vouloir bien nous indiquer les fautes qui auraient pu nous échapper.

E. A. T.

APPLICATIONS

DE

L'ARITHMÉTIQUE

AUX OPÉRATIONS PRATIQUES

PREMIÈRE PARTIE

EXAMEN POUR LE CERTIFICAT D'ÉTUDES
(OU BREVET DE SOUS-MAÎTRESSE.)

PROGRAMME OFFICIEL.

ÉPREUVES ÉCRITES. — *Dictée d'orthographe.*

Rédaction sur un sujet donné d'Histoire Sainte ou de morale.

Écriture appréciée d'après les compositions écrites.

Arithmétique. Questions portant sur l'application des quatre opérations fondamentales.

TRAVAUX A L'AIGUILLE.

ÉPREUVES ORALES. — *Lecture* du français en prose et en vers ; du latin.

Langue française. Principes de la grammaire ; analyse grammaticale et analyse logique.

Arithmétique. Numération; les quatre opérations fondamentales sur les nombres entiers, sur les fractions ordinaires et sur les fractions décimales; système métrique.

Instruction morale et religieuse. Catéchisme; Ancien Testament; géographie de la Terre Sainte et des pays voisins; Nouveau Testament et Histoire de l'Église jusqu'à Clovis.

Géographie et Histoire. Notions générales d'Histoire et de Géographie de la France.

Observations. — Le Certificat d'études ne peut remplacer le Brevet de capacité pour l'instruction primaire.

La Commission d'examen tient deux sessions par an, en avril et en novembre.

Les personnes qui ont l'intention de se présenter devant le Jury d'examen doivent avoir accompli leur quinzième année à l'époque de l'ouverture de la session.

L'inscription des aspirantes est reçue à la Préfecture de la Seine, de 11 heures à 3 heures (bureau de l'Instruction publique). Elles auront à produire leur acte ou bulletin de naissance.

CHAPITRE I.

EXAMENS ORAUX *.

1. Un ouvrier a travaillé pendant quatre jours :

Le premier jour, il a fait	7m,537	pour	......	9f,73
Le deuxième jour,	» 8 ,069	»	......	11 ,85
Le troisième jour,	» 5 ,63	»	......	7 ,81
Le quatrième jour,	» 9 ,95	»	......	12 ,13

Combien a-t-il fait en tout de mètres d'ouvrage? Combien cet ouvrage lui a-t-il été payé? (Rép. 1° 31m,186 ; 2° 41f,52.)

2. Dans un vase contenant de l'air, on remplace un litre de ce gaz qui pèse 1gr,293, par un litre d'acide carbonique qui pèse 1gr,529. De combien a-t-on augmenté le poids du gaz ?
(Rép. De 0gr,236.)

3. 25 kilogrammes de marchandise ont coûté 650 francs 75 centimes. 1° A combien revient le kilogramme? 2° Combien coûteraient 384 kilogrammes de la même marchandise?
(Rép. 1° à 26f,03; 2° 9995f,52.)

4. On sème ordinairement 2 hectolitres de blé par hectare. Combien faut-il d'hectolitres de cette graine pour ensemencer 12 pièces de terre d'une contenance de 3 hectares chacune?
(Rép. 72 hectolitres.)

5. Un terrain de 13 hectares 79 ares a produit 346 hectolitres de froment pesant chacun 68 kilogrammes. En vendant le blé

---

* Donner en devoir ou en composition toute question qui, dans ces examens oraux, sera jugée trop longue ou trop difficile pour être résolue au tableau. C'est surtout à l'*analyse du problème* qu'il faudra s'attacher dans cet examen oral préparatoire ; à la rigueur, pour un certain nombre de ces questions, on pourra se contenter de l'*indication* des calculs, sauf à les exécuter à part sur le papier.

à raison de $25^f,50$ les 100 kilogrammes, quel a été le produit de chaque hectare en froment et en argent *?

(Rép. 1° 25 hectolitres 9 litres; 2° $435^f,07$.)

6. Un terrain rectangulaire a 223 mètres de longueur sur 87 mètres de largeur. Quel en est la superficie : 1° en mètres carrés; 2° en ares; 3° en hectares? 4° Quel serait le prix d'un are de ce terrain estimé 40 000 francs?

(Rép. 1° $19\,401^{mq}$; 2° $194^a,01$; 3° $1^h,9401$; 4° $206^f,17$.)

7. 400 mètres 59 centimètres d'une certaine marchandise ont coûté 251 francs 9 centimes. Combien coûteraient 25 mètres de cette même marchandise? (Rép. $15^f,67$.)

8. Le conducteur d'un convoi de chemin de fer part de Paris pour Chartres en passant par Versailles et Rambouillet; au départ de Paris, il y a 2943 voyageurs; à Versailles on en dépose 1258, et on en prend 2315; à Rambouillet, 1649 descendent, et 829 prennent place. — Combien de voyageurs à l'arrivée à Chartres?

(Rép. 3180 voyageurs.)

9. Un employé a 2800 francs de traitement; il dépense 198 francs 75 centimes par mois. Au bout de combien d'années aura-t-il économisé 3320 francs? (Rép. Au bout de 8 ans.)

10. Le son parcourt environ 337 mètres par seconde. En combien de temps parcourra-t-il une distance de 58 975 mètres? exprimer le résultat, 1° en secondes, 2° en minutes.

(Rép. 1° 175 secondes; 2° $2^m\,55^s$.)

11. On a acheté 3 hectares 72 ares 25 centiares de terrain au prix de 119 120 francs. Combien faut-il revendre le mètre carré de ce terrain pour faire un bénéfice de 12 pour 100 sur le prix d'achat? (Rép. $3^f,58$.)

12. 1° Combien pèserait le franc, s'il était en or? 2° combien pèserait-il s'il était en bronze? (Rép. 1° $0^{gr},322$; 2° 100 grammes.)

13. Un vase vide pèse 459 grammes 25 centigrammes; plein d'eau pure, il pèse 3226 grammes 75 centigrammes. Quel est le poids de l'eau contenue dans ce vase? De ce poids concluez la capacité du vase. (Rép. 1° $2767^{gr},50$; 2° $2^{lit},77$.)

* Le poids *moyen* de l'hectolitre de blé est de 75 kilogrammes; quelquefois, mais rarement, ce poids descend jusqu'à 68 kilogrammes; quelquefois il s'élève à 84.

14. 1° Combien pèse 1 décilitre d'eau de mer, sachant que le poids d'un hectolitre de la même eau est environ de 103 kilogrammes? 2° Un réservoir peut contenir 18 mètres cubes d'eau; il en contient déjà 84 hectolitres. De combien d'hectolitres s'en manque-t-il pour qu'il soit plein?

(Rép. 1° 103 grammes; 2° 96 hectolitres.)

15. 46 mètres 25 centimètres de drap ont coûté 73 francs 47 centimes le mètre. Combien pour la même somme aurait-on de mètres de drap, s'il ne coûtait que 68 francs 15 centimes?

(Rép. 49^{m},86.)

16. Un terrain est de 2 hectares; on y a pratiqué un chemin de 7 mètres de largeur sur 125 mètres de longueur. Quelle est actuellement l'étendue de ce terrain? (Rép. 19 125^{mq}.)

17. Une étoffe de 10 mètres de longueur a été achetée à raison de 8 francs le mètre; on veut gagner 15 francs. Quel doit être le prix de vente? (Rép. 9^{f},50 le mètre.)

18. On propose d'évaluer approximativement le volume intérieur de l'arche de Noé, d'après les données suivantes :

Longueur.............	300 coudées
Largeur	50 »
Hauteur...............	30 »

Longueur d'une coudée : 450 millimètres *. (Rép. 41006^{mc},250.)

19. Pour parcourir 235 kilomètres 678 mètres en chemin de fer, on paye 19 francs 65 centimes dans les secondes. Combien coûtera un trajet de 430 kilomètres 476 mètres? (Rép. 35^{f},89.)

20. Pour faire un pain de 6 kilogrammes, il faut employer 6 kilogrammes 61 décagrammes de pâte. Combien faudra-t-il de cette pâte pour avoir 54 kilogrammes de pain? (Rép. 59^{kg},49.)

21. 1° Quelle est la capacité d'une salle d'étude bien ventilée qui a 18^{m},60 de longueur sur 10^{m},94 de largeur et 5^{m},26 de hauteur? 2° Combien peut-on y mettre d'élèves à raison de 4 mètres cubes d'air par élève? 3° Si les dimensions précédentes

---

* Cette longueur est à peu près celle de la coudée *vulgaire* égyptienne; la coudée *royale* était de 525 millimètres.

étaient celles d'un dortoir, combien pourrait-on y mettre de pensionnaires à raison de 15 mètres cubes d'air par personne?
(Rép. 1° 1070^{mc},325840; 2° 267 élèves (nombre rond); 3° 71 pensionnaires (nombre rond).

22. Un cultivateur vend 675 kilogrammes de seigle 99 francs; l'hectolitre vaut 11 francs. Quel est le poids d'un hectolitre de seigle? (Rép. 75 kilogrammes.)

23. 1° Calculer le nombre d'hectolitres et de litres d'eau contenus dans un bassin dont les dimensions sont :

Longueur	9 mètres.
Largeur..........	6 mètres 35 centimètres.
Profondeur	4 mètres 879 millimètres.

2° En quintaux métriques, quel est le poids de cette eau?
(Rép. 1° 2788^{h},3485; 2° 2788^{q},3485.)

24. Combien doit-on payer à un ouvrier qui a creusé un fossé de 45 mètres de longueur sur 2 mètres 8 centimètres de largeur et 1 mètre 48 centimètres de profondeur, sachant qu'on doit 1 franc 35 centimes par mètre cube? (Rép. 187 francs.)

25. Un marchand avait 132 kilogrammes 25 grammes de savon; il en a vendu 12 kilogrammes 8 hectogrammes. Combien lui en reste-t-il? Faites cette soustraction en prenant successivement pour unité de poids le gramme, l'hectogramme et le kilogramme. (Rép. 1° 119 225^{g}; 2° 1192^{h},25; 3° 119^{kg},225.)

26. Combien coûtent 750 kilogrammes de houille à raison de 39 francs les 1000 kilogrammes? (Rép. 29^{f},25.)

27. Un marchand de drap a acheté une pièce de vin pour 213 francs et a livré en échange 14 mètres de drap à 15^{f},50 le mètre. Combien doit-il payer ou recevoir pour solde?
(Rép. Il doit recevoir 4 francs.)

28. Un vase plein d'huile d'olive pèse 18 kilogrammes 30 grammes; vide, il pèse 8 kilogrammes 50 grammes; le litre d'huile d'olive pèse 915 grammes. Quelle est la capacité du vase?
(Rép. 10 litres 907 millilitres.)

29. Un bâtiment a quatre étages, chaque étage a 11 fenêtres, et il y a 28 carreaux de vitres par fenêtre; on a payé 924 francs pour la fourniture et la pose de tous les carreaux. Quel est le prix de chaque vitre? (Rép. 75 centimes.)

30. Les trois dimensions d'une barre de fer sont :

Longueur .... 3 mètres 43 centimètres,
Largeur .... 6 centimètres,
Épaisseur .... 3 centimètres.

1° Quel est le volume de cette barre ? 2° Quel est son poids, sachant qu'un décimètre cube de ce fer pèse 7 kilogrammes 788 millièmes de kilogramme? (Rép. 1° 6^{dcc},174 ; 2° 48^{kg},083.)

31. L'hectare donne en moyenne 500 gerbes de blé. Quel est le poids du blé que produit chaque gerbe, sachant que l'hectare donne 19 hectolitres de grain pesant chacun 78 kilogrammes (**5**) ? (Rép. 2^{kg},964.)

32. Combien coûtent 95 décimètres cubes d'un certain ouvrage, à raison de 40 francs le mètre cube ? (Rép. 3^{f},80.)

33. On a reboisé sur des montagnes : en 1861, 4639 hectares ; en 1862, 41 416 hectares 63 ares ; en 1863, 12 834 hectares 74 ares. 1° Combien cela fait-il d'hectares en tout ? 2° Quel est le prix de ce reboisement par hectare, sachant que la dépense totale a été de 1 240 000 francs ? (Rép. 1° 58 $890^{hectares}$,37 ; 2° 21^{f},06.)

34. 36 kilogrammes 489 grammes 4 décigrammes d'une marchandise ont coûté 8447 francs 29 centimes. A combien revient le gramme ? (Rép. A 23 centimes, à 1 centime près.)

35. Un marchand a vendu 27 mètres 15 centimètres de drap pour la somme de 418 francs 25 centimes ; à ce marché, il perd 16 francs 15 centimes. Combien avait-il payé le mètre de ce drap? (Rép. 16 francs.)

36. Un bassin a une capacité de 1 mètre cube 5635 dix-millièmes de mètre cube. Combien faudrait-il de temps pour le remplir au moyen d'un robinet par lequel s'écoulent, par heure, 584 litres 42 centilitres d'eau ? (Rép. $2^{h}40^{m}31^{s}$.)

37. Deux lingots pèsent : le premier 9 kilogrammes 14 grammes 8 centigrammes ; le second, 7 grammes 89 centigrammes. Quel est le poids total de ces deux lingots ? Vous ferez l'addition en prenant successivement pour unité le kilogramme, le gramme, le centigramme. (Rép. 1° 9^{kg},02197 ; 2° 9021^{g},97 ; 3° 902 197 centigr.)

38. On a échangé 6 hectogrammes 32 grammes 45 centigrammes d'or contre 2245 francs 19 centimes. A combien revient l'hectogramme d'or ? (Rép. A 355 francs, à 1 centime près.)

39. Un propriétaire a trois maisons qu'il loue :

La première	5000	francs.
La deuxième	2500	»
La troisième	5700	»

Il paye en impositions :

Pour la première	275 fr.	50	cent.
Pour la deuxième	128	25	»
Pour la troisième	429	14	»

Il a dépensé, en 1863, pour réparations :

Pour la première	114 fr.	75	cent.
Pour la deuxième	91	85	»
Pour la troisième	925	50	»

Quel a été le revenu net de ce propriétaire ? (Rép. 11 235^{f},01.)

40. 100 kilogrammes de graine de colza valent 41 francs, et produisent 32 kilogrammes d'huile. Quel est le prix de la graine nécessaire pour obtenir 6 barriques d'huile pesant chacune 73 kilogrammes? $\left(\text{Rép. } 561^{f},19, \text{ à } \frac{1}{2} \text{ centime près.}\right)$

41. La distance de deux stations (Villejuif et Montlhéry) est de 18 615 mètres 50 centimètres; le son met 54^{s},6 à parcourir cette distance. Quelle est, approximativement, la vitesse de transmission du son, sachant qu'il se meut uniformément?
(Rép. 340^{m},94 par seconde.)

42. Une vigne a 86 mètres 6 décimètres de longueur et 15 mètres de largeur; elle a été vendue pour la somme de 1860 francs. A quel prix est revenu l'are? (Rép. 143^{f},19.)

43. 8 kilogrammes 5 hectogrammes de marchandise ont coûté 16 francs 85 centimes. Quel serait le prix de 15 décagrammes de cette marchandise? $\left(\text{Rép. 30 centimes, à } \frac{1}{2} \text{ centime près.}\right)$

44. Sur un chemin de fer un convoi parcourait 30 kilomètres 6 hectomètres par heure ; il ne parcourt plus que 28 kilomètres 5 hectomètres. Quel est le rapport de la différence des deux vitesses à la première ? (Rép. Celui de 7 à 102.)

45. Les dimensions d'une salle sont :

Longueur..................................	$14^{m},80$
Largeur....................................	10 ,85
Hauteur....................................	5 ,70

1° Quelle en est la capacité? 2° Quel est le poids de l'air contenu dans cette salle, sachant qu'un litre d'air pèse 1 gramme 3 décigrammes? (Rép. 1° $915^{mc},306$; 2° $1189^{kg},8978$.)

46. Un hectare de terrain a produit 19 hectolitres de froment et 32 quintaux de paille ; le froment se vend 27 francs l'hectolitre, la paille 2 francs 50 centimes le quintal; les frais de culture se sont élevés à la somme de 194 francs 50 centimes. Quel est le bénéfice du cultivateur? (Rép. $398^{f},50$.)

47. Quel est en grammes le poids d'un diamant qui pèse 136 carats $\frac{1}{2}$? Le carat est égal à 206 milligrammes. (Ce diamant est connu sous le nom du *Régent*.) (Rép. $28^{gr},119$.)

48. Sur un coupon d'étoffe de $18^{m}\frac{2}{5}$, on a vendu successivement 2 mètres 13 centimètres, $5^{m}\frac{5}{12}$ et $3^{m}\frac{11}{15}$. Combien en reste-t-il? (Rép. $7^{m},12$.)

49. Combien pèse l'hectolitre de seigle, sachant que son poids est les $\frac{18}{19}$ du poids de l'hectolitre de froment, lequel est de 76 kilogrammes? (Rép. 72 kilogr.)

50. Les $\frac{5}{6}$ d'un champ ont coûté 495 francs 75 centimes. Quel est le prix des $\frac{3}{4}$ de ce champ? $\left(\text{Rép. } 446^{f},17\ \frac{1}{2}.\right)$

51. Un convoi de chemin de fer a parcouru 595 kilomètres et demi en 23 heures 45 minutes. Quelle distance parcourrait-il en une heure? (Rép. $25^{km},074$.)

52. Une personne a dépensé les $\frac{2}{3}$ des $\frac{4}{5}$ de l'argent qu'elle avait, et il lui reste 105 francs. Combien avait-elle d'abord? (Rép. 225 francs.)

53. Il manque 7 kilogrammes $\frac{2}{3}$ pour qu'un corps pèse 38 kilogrammes et demi. Quel est le poids de ce corps? $\left(\text{Rép. } 30^{kg}\frac{5}{6}.\right)$

54. 40 est la somme de deux nombres; le plus petit est les $\frac{3}{5}$ du plus grand. Quels sont ces nombres? (Rép. 25 et 15.)

55. Partagez 42 francs entre deux personnes de façon que la part de l'une soit les $\frac{3}{4}$ de la part de l'autre. (Rép. 24^f et 18^f.)

56. On a mêlé ensemble :

38 hectolitres de blé à 15 francs l'hectolitre,
19 » » 16 » »
42 » » 12 » »

Quel est le prix moyen de l'hectolitre de ce mélange?
$\left(\text{Rép. } 13^f{,}92, \text{ à } \frac{1}{2} \text{ centime près.}\right)$

57. On veut couper 24 mètres d'étoffe en plusieurs morceaux de $\frac{3}{4}$ de mètre chacun. Combien y aura-t-il de morceaux en tout? (Rép. 32 morceaux.)

58. La surface d'un rectangle est de 64 mètres carrés 75 décimètres carrés; sa longueur est de 8 mètres 75 centimètres. Quelle est sa largeur? (Rép. $7^m{,}40$.)

59. La capacité intérieure d'une salle à six faces rectangulaires est de 1200 mètres cubes; la surface de la base est de 52 mètres carrés 12 décimètres carrés. Quelle est sa hauteur?
$\left(\text{Rép. } 23^m{,}02, \text{ à } \frac{1}{2} \text{ centimètre près.}\right)$

60. Un homme a fait 25 mètres $\frac{7}{8}$ d'ouvrage; sa femme $12^m{,}5$;

son fils 9 mètres $\frac{5}{9}$. En tout combien ont-ils fait de mètres d'ouvrage? (Rép. $47^{m}\frac{67}{72}$, soit 48 mètres.)

61. 5 mètres $\frac{2}{7}$ d'une pièce d'étoffe ont coûté 37 francs $\frac{1}{3}$. 1° Combien coûteront 8 mètres $\frac{1}{2}$ de cette étoffe? 2° Combien de mètres de cette même étoffe pourra-t-on acheter pour 29 francs $\frac{2}{5}$?
(Rép. 1° $60^{f},04$, à $\frac{1}{2}$ centime près; 2° $4^{m},16$.)

62. Un certain ouvrage pourrait être fait en 5 heures par un homme, en 8 heures par une femme, en 12 heures par un enfant. Au bout de combien d'heures cet ouvrage serait-il fait si les trois personnes travaillaient ensemble? (Rép. 2^{h} 26^{m} 56^{s}.)

63. Un bassin rectangulaire a $3^{m},25$ de long et $2^{m},69$ de large; on y verse 30 fois l'eau contenue dans un tonneau dont la capacité est de 3 hectolitres 21. Quelle hauteur cette eau occupera-t-elle dans le bassin? (Rép. $1^{m},10$, à 1 centimètre près.)

64. On a payé 33 francs pour 5 journées $\frac{1}{2}$ d'ouvrier. Quel est le prix de la journée? (Rép. 6 fr.)

65. Combien coûteront 24 mètres 5 décimètres d'étoffe à raison de 37 francs 32 centimes le mètre? (Rép. 914 fr. 34 c.)

66. Combien aurait-on de mètres d'étoffe pour la somme de 914 francs 34 centimes, à raison de 37 francs 32 centimes le mètre?
(Rép. $24^{m},5$.)

67. Combien faudra-t-il de kilogrammes de farine pour faire 350^{k} de pain, si pour avoir 100^{k} de pâte il faut ajouter à la farine 40^{k} d'eau et 750^{gr} de sel, si en outre la perte dans la cuisson est de 10 pour 100? (Rép. $230^{kg},42$.)

68. Un flacon plein d'huile pèse $649^{gr},25$. 1° Quel est le poids de cette huile? 2° Quelle est la capacité du vase? Le poids du flacon vide est le tiers du poids total, et le litre d'huile pèse $0^{k},915$.
(Rép. 1° $432^{gr},83$; 2° 47 centilitres, à 1 centilitre près.)

69. 45 mètres de papier, ayant $\frac{3}{4}$ de mètre de large, seraient nécessaires pour tapisser une chambre. Combien faudra-t-il de mètres d'un autre papier, ayant $\frac{2}{3}$ de mètre de large, pour tapisser la même chambre ? (Rép. $50^{m},625$.)

70. Un ouvrier fait par heure 36 millimètres d'ouvrage. Combien 17 ouvriers feront-ils du même ouvrage en travaillant sans interruption depuis 6 heures trois quarts du matin jusqu'à 6 heures et demie du soir ? (Rép. $7^{m},191$.)

71. Calculez la population de la France d'après les données approximatives suivantes : le nombre des adultes des deux sexes est de 22 815 210 ; le nombre des adultes du sexe masculin forme les $\frac{5}{16}$ de la population cherchée ; le nombre des adultes du sexe féminin est les $\frac{16}{17}$ de celui des adultes du sexe masculin.

(Rép. 37 610 528 habitants.)

72. On donne à une personne le tiers d'une somme, à une seconde le quart, et à une troisième les 25 000 francs qui restent. Quelle est cette somme ? (Rép. 60 000 fr.)

73. On propose de partager un héritage de 17 hectares 6 ares de bois entre deux personnes, de manière que le lot de l'une soit les 0,75 de celui de l'autre. Quel est le lot de chacune ?

(Rép. 1° $731^{ar},14$; 2° $974^{ar},86$.)

74. Un marchand a acheté :

78 kilogr. de marchandises	à 7 francs le kilog.		
87 »	»	6 »	»
69 »	»	9 »	»

Il revend le tout à raison de 8 fr. le kilogramme. Quel est son bénéfice ? (Rép. 183 francs.)

75. Des ouvriers creusent un canal, et chaque jour l'ouvrage avance de $\frac{3}{40}$. Au bout de combien de jours ce canal sera-t-il terminé ? (Rép. $13^{\text{jours}}\ \frac{1}{3}$.)

76. Une femme qui tricote des bas, fait les $\frac{2}{3}$ d'un bas par jour. Combien mettra-t-elle de jours à faire 11 bas ?
(Rép. $16^{\text{jours}}\frac{1}{2}$.)

77. Une fontaine donne 5 litres d'eau en 3 minutes. En combien de minutes remplirait-elle un baquet de 26 litres $\frac{2}{7}$?
(Rép. En 15 minutes, à une minute près.)

78. La récolte d'un hectare de blé exige, quand on coupe le blé à la faux, 2 journées $\frac{1}{3}$ d'homme. Combien d'hommes faudra-t-il pour faucher en un jour un champ de 4 hectares $\frac{2}{7}$?
(Rép. 10 hommes.)

79. On veut carreler une salle dont la longueur est de 3 mètres 25 centimètres, et la largeur de 4 mètres 4 décimètres, avec des briques rectangulaires de 22 centimètres de long sur 3 centimètres de large. Combien en faudra-t-il? (Rép. 2166 briques $\frac{2}{3}$.)

80. Une personne qui a fait les $\frac{5}{6}$ d'un certain ouvrage a touché 42 fr. 75 cent. Combien aurait-elle reçu si elle avait fait la totalité de l'ouvrage? (Rép. $51^{\text{f}},30$.)

81. Avant la maladie des pommes de terre, on récoltait 255 hectolitres de ces tubercules par hectare; depuis la maladie, la récolte a diminué des $\frac{2}{5}$. Quelle sera la récolte en hectolitres dans un champ de 3 hectares $\frac{2}{7}$? (Rép. $502^{\text{hl}},7143$.)

82. Un ouvrier dépense, pour sa nourriture, le tiers de ce qu'il gagne; pour son habillement, le huitième; pour son logement, le dixième; pour les dépenses courantes, le neuvième; chaque année il dépose 318 francs à la caisse d'épargne. Combien gagne-t-il par an? (Rép. $962^{\text{f}},01$.)

83. La population de l'Asie est les $\frac{13}{7}$ de celle de l'Europe; celle de l'Afrique en est les $\frac{3}{11}$ et celle de l'Amérique les $\frac{13}{77}$; en supposant que la population de l'Asie soit de 3 902 257 000 habitants, calculez celle des autres parties du monde.

(Rép.	Europe	2 101 215 307 hab.
	Asie	3 902 257 000 »
	Afrique	573 058 720 »
	Amérique	354 750 636.) »

84. La mer recouvre les $\frac{3}{4}$ de la surface du globe; la surface de l'Asie est les $\frac{121}{27}$ de celle de l'Europe; celle de l'Afrique en est les $\frac{22}{7}$; celle de l'Amérique les $\frac{111}{27}$, et celle de l'Océanie les $\frac{31}{27}$; on estime que la surface de l'Afrique est de 2 970 000 000 d'hectares. Quelle est la superficie des autres parties du globe? Quelle est la surface entière de la terre?

(Rép.	Europe	945 000 000 hectares
	Asie	4 235 000 000 »
	Afrique	2 970 000 000 »
	Amérique	3 885 000 000 »
	Océanie	1 085 000 000 »
	Mers	39 360 000 000 »
	Globe entier	52 480 000 000.) »

85. Quels sont les $\frac{3}{4}$ des $\frac{5}{6}$ des $\frac{7}{12}$ des $\frac{6}{7}$ de 20 heures? (Rép. $7^{h}\frac{1}{2}$.)

86. Une ouvrière peut faire un ouvrage en 20 heures; une seconde le ferait en 15 heures. En combien de temps le feront-elles en totalité si elles travaillent ensemble? (Rép. En $8^{h}\ 34^{m}\ 17^{s}$, à une seconde près.)

87. Un ouvrier fait un ouvrage en 60 jours; un second le ferait en 72 jours. Travaillant ensemble, au bout de combien de jours feront-ils les $\frac{5}{9}$ de cet ouvrage? (Rép. Au bout de $18^{\text{jours}}\frac{2}{11}$.)

88. Un particulier a acheté une certaine marchandise; il en cède à trois personnes: $\frac{1}{4}$, $\frac{1}{3}$, $\frac{1}{6}$; il lui reste 2 hectolitres $\frac{1}{2}$ de cette marchandise. Combien en avait-il acheté en tout?
(Rép. 10 hectolitres.)

89. Une personne a dépensé $\frac{1}{7}$ de 31 fr. 50 cent. la première semaine ; $\frac{1}{7}$ de 34 fr. 65 cent. la deuxième ; $\frac{1}{7}$ de 29 fr. 85 cent. la troisième ; $\frac{1}{7}$ de 35 fr. 40 c. la quatrième ; et elle a gagné pendant ce temps 120 francs. Combien lui reste-t-il?

(Rép. 101f,23, à $\frac{1}{2}$ centime près.)

90. Je possède 286f $\frac{1}{2}$; avec une partie de cette somme je paye 16m $\frac{4}{3}$ d'étoffe à 9f $\frac{2}{3}$ le mètre. Combien d'argent me reste-t-il?

(Rép. 118f,94, à $\frac{1}{2}$ centime près.)

91. Un négociant gagne les $\frac{2}{7}$ du prix d'achat en vendant 217f,25 une marchandise. Combien l'a-t-il achetée?

(Rép. 168f,97, à $\frac{1}{2}$ centime près.)

92. On a acheté 54 hectolitres $\frac{1}{2}$ à 18 francs l'hectolitre ; 37 hectolitres $\frac{1}{4}$ à 15 francs et 19 hectolitres $\frac{3}{4}$ à 20 francs. Combien doit l'acheteur? (Rép. 1934f,75.)

93. Un ouvrier a économisé 275 francs dans l'année ; il a dépensé pour sa nourriture les $\frac{3}{8}$ de son gain, les $\frac{2}{7}$ pour son logement, et les $\frac{5}{24}$ en divers achats. Combien cet ouvrier a-t-il gagné pendant l'année? (Rép. 2100 francs.)

94. 18 mètres d'étoffe coûtent autant que 23 hectolitres de vin ; 2 hectolitres de vin coûtent autant que 30 kilogrammes d'une denrée, et 10 kilogrammes de cette denrée autant que 3 journées de travail d'un ouvrier ; l'ouvrier reçoit 52 francs pour 13 journées de travail. Combien de mètres d'étoffe aurait-on pour la somme de 920 francs? (Rép. 40 mètres.)

95. On a vendu successivement $\frac{1}{3}$, $\frac{1}{5}$ et $\frac{1}{6}$ d'une étoffe ; il en reste encore 15 mètres 60 centimètres. Quelle était la longueur de cette étoffe ? (Rép. 52 mètres.)

96. Combien coûtent $89^m \frac{11}{12}$ à raison de 47 francs 19 centimes le mètre? $\left(\text{Rép. } 4243^f,17, \text{ à } \frac{1}{2} \text{ centime près.}\right)$

97. Une personne a dépensé mal à propos les $\frac{3}{8}$ de son argent, et il lui reste encore 12 francs $\frac{1}{5}$. Combien avait-elle d'abord? (Rép. $19^f,52$.)

98. Combien pèsent 10 litres de mercure, sachant que ce métal pèse environ 13 fois plus que l'eau? (Rép. 130^{kg}.)

99. Un marchand voudrait troquer du drap à 40 francs le mètre contre du casimir à 24 francs le mètre. Combien devra-t-il recevoir de casimir en échange de 300 mètres de drap? (Rép. 500 mètres.)

100. Calculer le poids d'une pièce d'or de 20 francs. (Rép. $6^{gr},45$.)

CHAPITRE II.

DEVOIRS ÉCRITS (MODÈLES).

(Le maître y joindra un sujet de théorie.)

101. Une fontaine fournit 37 décimètres cubes 869 centimètres cubes d'eau par minute. Combien fournira-t-elle de mètres cubes par heure et par jour? (Rép. 1° $2^{mc},27214$; 2° $54^{mc},53136$.)

102. On a commandé à un tisserand une pièce de toile qui doit avoir, après le blanchissage, $12^{m},75$ de longueur. Quelle doit être sa longueur primitive, sachant qu'au blanchissage une autre pièce de la même toile, d'une longueur de 8 mètres, a diminué de 45 centimètres? (Rép. $13^{m},510$, à 0,001 près.)

103. 33 ouvriers ont reçu $2365^{f},50$ pour 19 jours de travail ; 17 d'entre eux gagnaient moitié plus que les autres. Quel était le prix de la journée de chacun ? (Rép. 1° $4^{f},50$; 2° 3^{f}.)

104. On a pesé un vase rempli d'eau avec 34 pièces d'argent de 5 fr., 56 pièces de 2 fr., 20 pièces de 1 fr., 50 pièces de 50 centimes et 60 pièces de 20 centimes. Quel est le poids de l'eau ? Quelle est la capacité du vase? On sait d'ailleurs que le vase vide pèse 3 hectogrammes 4 grammes. (Rép. 1° 1391^{gr} ; 2° $1^{li},39$.)

105. On a fait dissoudre $4^{k},5$ de sel dans $20^{k},2$ d'eau distillée ; ensuite, on a besoin d'une dissolution renfermant $3^{k},4$ de sel pour 18 kil. d'eau distillée. Combien faut-il ajouter d'eau à la première dissolution pour avoir la seconde? (Rép. $3^{kg},624$.)

106. Un marchand a acheté 72 hectolitres 50 litres de vin pour 3600 fr., et les a revendus 5125 fr. 1° A quel prix a-t-il acheté l'hectolitre de vin? 2° A quel prix l'a-t-il revendu? 3° Combien a-t-il gagné en tout? 4° Combien a-t-il gagné par hectolitre?
(Rép. 1° $49^{f},66$; 2° $70^{f},69$; 3° 1525^{f} ; 4° $21^{f},03$.)

107. Un banquier fait sa caisse le 1er du mois; il possède 20 billets de banque de 1000 fr. chacun, 10 de 500 fr., 50 de 200 fr., 48 de 100 fr., et il a en espèces 26 972f,75.

Pendant les dix premiers jours, il fait les prêts suivants : 7890f,25; 12 988f,75; 799f,45; 17 629f,25; 7890f,25; 23 986f,30; pendant le même temps on lui rembourse successivement 297f,48; 4698f,07; 6005f,49; 9728f,53; 2986f,79; 23 412f,25.

Au bout de ce temps, il vérifie sa caisse.

1° Combien avait-il en caisse le 1er du mois?

2° Quel est le montant des sommes prêtées?

3° A combien s'élèvent les rentrées?

4° Quel est l'état de sa caisse le 10 du mois?

(Rép. 1° 66 772f,75; 2° 71 184f,25; 3° 47 128f,61; 4° 42 717f,11.)

108. La France comprend 89 départements, 373 arrondissements, 2938 cantons, 37 510 communes, pour une population de 37 382 225 habitants. En moyenne, combien d'habitants par département, par arrondissement, par canton, par commune*?

(Rép. 1° 420 025 habitants; 2° 100 220; 3° 12 724; 4° 996.)

109. La ration journalière du soldat français est composée de:

250	grammes	de viande de boucherie,
750	»	de pain de munition,
325	»	de pain blanc pour la soupe,
200	»	de légumes.

Combien faudrait-il de kilogrammes de chacun de ces aliments pour nourrir 1250 soldats pendant une journée? Pendant un an?

(Rép. 1° Par jour : 312kg,5; 937,5; 406,25; 250. 2° Par an : 114 062kg,5; 342 187,50; 148 281,25; 91 250.)

110. On a vendu 47m,85 de drap cuir-laine à raison de 4f,75 le demi-mètre, et 54m,50 de coutil à raison de 29f,50 les 10 mètres. Combien a-t-on dû recevoir? (Rép. 615f,35.)

111. Un épicier a acheté 75 pains de sucre pesant chacun 10k,5, et les a payés à raison de 140 fr. les 100 kilogr. Combien a-t-il déboursé? (Rép. 1102f,50.)

---

* Ces nombres répondent à l'état de la France antérieur à ses récents désastres.

112. En France, on estime que de 18 à 50 ans la moyenne du temps pendant lequel on est malade est de 5,69 journées par an et par individu; une société de secours mutuels est composée de 316 membres et donne $1^f,50$ de secours d'argent par jour de maladie et par individu. Combien cette société dépensera-t-elle en moyenne pour secours en argent dans une année ? (Rép. 2697 fr.)

113. En 1861 (Annuaire du Bureau des longitudes), la durée de la vie moyenne, en France, était de 39 ans $\frac{7}{10}$; avant 1789, elle n'était que de 28 ans $\frac{3}{4}$. De combien a-t-elle augmenté dans cet intervalle? (Rép. De $10^a,95$.)

114. Un sac de farine pèse 157 kilog. Combien 4000 quintaux feraient-ils de sacs? Combien coûteraient-ils à raison de $66^f,50$ le quintal ?

(Rép. 1° 2547 sacs avec 121^{kg} de reste ; 2° 266 000 fr.)

115. Le puits de Grenelle, à Paris, fournit environ 630 litres d'eau par minute. Quel est le nombre de personnes auxquelles le puits de Grenelle pourra fournir de l'eau, en supposant que chacune d'elles ait besoin de 18 litres de cette eau par jour ?

(Rép. 50 400 personnes.)

116. Un maître promet à son domestique 300 fr. de gages par an et un habit; il ne le garde que six mois ; il lui donne 120 fr. et l'habit. Quel est le prix de cet habit? (Rép. 60 fr.)

117. Les trains express de Paris à Strasbourg mettent 10 heures à parcourir les 502 kilomètres qui séparent ces deux villes. Combien de temps mettront-ils pour aller de Paris à Nancy, sachant que la distance de ces deux villes est de 353 kilomètres ?

$\left(\text{Rép. } 7^h\ 1^m\ 54^s\ \frac{186}{251}.\right)$

118. Un cultivateur a vendu 4 sacs de blé à 15 fr. le sac, et 6 sacs de pommes de terre à 2 fr. le sac; avec cet argent il achète 5 mètres de drap à 9 fr. le mètre. Combien d'argent lui reste-t-il? (Rép. 27 fr.)

119. 4 ouvriers ont travaillé :

Le 1er .... $26^j \frac{1}{2}$,

Le 2e .... $27^j \frac{1}{3}$,

Le 3e .... 24^j,

Le 4e .... $23^j \frac{1}{2}$.

Le salaire des trois premiers a été de 3 fr. $\frac{3}{4}$ par jour, celui du 4e 2 fr. $\frac{1}{4}$. Quelle est la somme totale qui revient à chaque ouvrier? Quel est le total de la dépense? (Rép. 1er 99f,37 ; 2e 102f,50; 3e 90f ; 4e 52f,87 ; dépense totale : 344f,74.)

120. Un négociant a acheté 6 myriagrammes 267 décagrammes et 23 hectogrammes de marchandise à raison de 124 fr. le quintal métrique. Combien lui rendra-t-on sur un billet de 500 fr.? (Rép. 419f,44.)

121. Un artisan gagne 17f,50 sur 13 objets qu'il confectionne. Quel sera son bénéfice sur 19 objets semblables aux précédents? (Rép. 25f,57.)

122. Un jardin rectangulaire de 135m,2 de longueur sur 27m,5 de largeur a été acheté à raison de 245 fr. l'are ; on a fait faire un enclos autour du jardin pour la somme de 2f,45 le mètre, et on y a construit une maisonnette dont le prix est les $\frac{2}{3}$ de celui du jardin et de l'enclos réunis. A combien revient cette propriété? (Rép. 16510f,55.)

123. Une succession doit être partagée entre cinq héritiers : le premier doit avoir le tiers de la succession, le deuxième le quart, le troisième le sixième, le quatrième le neuvième, et le cinquième les 40 000 francs qui restent. Combien revient-il à chacun des quatre premiers?
(Rép. 96 000 fr.; 72 000; 48 000; 32 000; 40 000.)

124. Un tonneau contient 90 litres de vin; on y verse 40 litres d'eau; on tire 43 litres du liquide mélangé ; on ajoute 32 litres de vin, puis 18 litres d'eau; on tire ensuite 20 litres du nouveau mélange. Combien reste-t-il de vin pur dans le tonneau? (Rép. 78lit,77.)

125. Un mur de $130^m,5$ de longueur est couvert de 115 dalles de deux longueurs différentes; les unes ont $1^m,50$ de longueur et les autres $0^m,90$. Combien y en a-t-il de chaque sorte?

(Rép. 1° 70 dalles de $0^m,90$ et 45 dalles de $1^m,5$.)

126. L'orge pèse 64 kilogr. l'hectolitre, et 1 hectare de terrain produit 38 hectolitres de grain; on sait de plus qu'il faut égrener une gerbe du poids de 19 kilogr. pour obtenir 8 kilogr. de grain. Quel est le poids de la récolte en gerbes obtenue sur un hectare de terrain? (Rép. 5776^{kg}.)

127. Le chemin de Paris à Châlon-sur-Saône et l'embranchement de Montereau à Troyes ont coûté 1 974 766 $505^f,58$; la distance de Paris à Châlon est de 383 kilomètres; celle de Montereau à Troyes est de 87 kilomètres. Quelle est la dépense moyenne pour 1 kilomètre? (Rép. 4 201 $630^f,86$.)

128. On a acheté deux pièces d'étoffe, l'une de $7^m\frac{1}{2}$, l'autre de $9^m\frac{2}{3}$, pour 85 fr. Quel est le prix de chaque pièce?

(Rép. 1° $37^f,14$; 2° $47^f,86$.)

129. On a employé 8 ouvriers pour faire 60 mètres d'un certain ouvrage. Combien faudra-t-il d'ouvriers pour confectionner 180 mètres du même ouvrage? (Rép. 24 ouvriers.)

130. Sur une pièce de drap contenant $25^m\frac{1}{2}$, on a vendu successivement 1 mètre 5 décimètres, $5^m\frac{5}{6}$, $1^m\frac{4}{5}$, 7 mètres. 1° Combien en reste-t-il? 2° Combien le marchand l'a-t-il vendu le mètre, sachant que, s'il vendait le reste au même prix, il en retirerait 281 fr.?

(Rép. 1° $9^m\frac{11}{30}$; 2° 30^f.)

131. Une fontaine qui fournit 3 hectolitres d'eau par heure remplit un bassin en 15 heures. Combien de temps une fontaine qui fournit 5 hectolitres par heure, emploiera-t-elle à remplir le même bassin? (Rép. 9 heures.)

132. Un propriétaire achète un terrain de 738 ares pour 21 295 francs; il revend les $\frac{2}{5}$ de ce terrain à raison de $34^f,75$ l'are, et le reste à raison de 35 centimes le mètre carré. Quel est son bénéfice? (Rép. $4461^f,20$.)

133. 3 ouvriers gagnent chacun $3^f,75$ par jour; un quatrième gagne $2^f,25$. Ils reçoivent respectivement : $99^f,37$; $102^f,50$; 90^f ; $52^f,87$. Pendant combien de jours chacun a-t-il travaillé?

(Rép. 1er $26^j\frac{1}{2}$; 2^e $27^j\frac{1}{3}$; 3e 24^j ; 4^e $23^j\frac{1}{2}$.)

134. 20 ouvriers font en 4 jours 360 mètres d'ouvrage. Combien 30 ouvriers en feront-ils en 15 jours? (Rép. 2025 mètres.)

135. 6 ouvriers, qui travaillent 4 heures par jour, ont fait en 7 jours 90 mètres d'ouvrage. Combien faudrait-il de jours à 9 ouvriers qui travailleraient 8 heures par jour pour faire 126 mètres du même ouvrage? (Rép. 3^j 2^h 8^m.)

136. Avec les $\frac{4}{7}$ de mon argent, j'ai pu acheter $13^m\frac{1}{2}$ d'étoffe à $8^f\frac{2}{3}$ le mètre. Avec ce qui me reste, combien pourrais-je acheter d'une étoffe dont le mètre coûte $1^f\frac{4}{5}$ de plus que le mètre de la première qualité? (Rép. $8^m,384$, à 0,001 près.)

137. Une personne emprunte 12 000 fr. pour un an, à la condition que, en sus de la somme prêtée, elle payera le vingtième de cette somme. L'emprunt se renouvelle pendant cinq années consécutives et aux mêmes conditions. En totalité, combien le débiteur a-t-il payé d'intérêt au créancier? (Rép. $3315^f,37$.)

138. Un particulier voudrait se faire une rente annuelle de 1200 fr. Quelle est la somme qu'il doit placer, sachant que 100 fr. rapportent 6 fr. d'intérêt par an? (Rép. 20 000 fr.)

139. Un convoi de chemin de fer, parti à 2^h 45^m du soir, arrive le lendemain matin à 3^h 11^m; sa vitesse est de 35 kilom. par heure. Calculer la distance parcourue. (Rép. $435^{km},166$.)

140. Un marchand mélange des parties égales de vin à 8 fr., à 10 fr. et à $11^f,40$ le décalitre. A combien lui revient le décalitre du mélange? (Rép. A $9^f,80$.)

141. Un convoi de chemin de fer qui devait marcher à raison de 40 kilom. par heure, et arriver à 5^h 10^m, reconnaît, à 1^h 20^m, qu'il n'est plus qu'à 125 kilom. de sa destination. Combien doit-il parcourir de kilomètres à partir de ce moment, pour être dans les termes du règlement? (Rép. 32,6 kilom. par heure.)

142. En 1852, on a fabriqué en France 2 633 400 quintaux métriques de fonte au charbon de bois; le poids de charbon de bois employé est environ les $\frac{147}{100}$ du poids total de la fonte, et sa valeur, qui a atteint 21 790 979 fr., est environ la moitié de celle de la fonte. Trouver : 1° le poids de charbon de bois employé; 2° le prix du quintal du charbon de bois; 3° la valeur de toute la fonte fabriquée; 4° le prix moyen du quintal de fonte.

(Rép. 1° 3 871 098 quintaux; 2° $5^f,63$; 3° 43 581 958 fr.; 4° $16^f,55$.)

143. Un convoi de chemin de fer part de Paris à $8^h\ 30^m$ du soir et arrive à Angers à $4^h\ 53^m$ du matin; il y a 27 minutes d'arrêt à cette station, et la distance parcourue est de 342 kilomètres. Combien a-t-il parcouru de kilomètres par heure? (Rép. $40^{km},795$.)

144. $5^m\frac{2}{7}$ d'une pièce d'étoffe coûtent $37^f\frac{1}{3}$. 1° Quel sera le prix de $8^m\frac{1}{2}$ de cette étoffe? 2° Combien pourra-t-on en acheter de mètres pour $29^f\frac{2}{5}$? (Rép. 1° $60^f,04$; 2° $4^m\frac{13}{80}$.)

145. Trois ouvriers de forces différentes sont employés à un ouvrage; si chacun d'eux travaillait seul, le 1er ferait l'ouvrage en $1^h\frac{1}{2}$, le 2e en $2^h\frac{1}{3}$, et le 3e en $1^h\frac{3}{4}$. En combien de temps cet ouvrage sera-t-il fait par les 3 ouvriers travaillant ensemble?

(Rép. En 36 minutes.)

146. Un père laisse par testament la moitié de son bien à son fils, le tiers à sa fille, et les 10 000 fr. qui restent à sa veuve. Quel est le bien du défunt? Quelle est la part de chacun?

(Rép. Bien total : 60 000 fr.; fils : 30 000 fr.; fille : 20 000; veuve : 10 000.)

147. Trois ouvriers se sont partagé une certaine somme : le 1er a eu 36 fr., le 2e 12 fr. de plus, et le 3e 24 fr. de plus que le second. Quelle est la somme partagée? Quelle est la part de chacun? (Rép. 1er 36^f; 2e 48^f; 3e 72^f; somme partagée : 156^f.)

148. Un négociant a acheté $37^k,629$ de marchandise à raison de

28f,55 le kilogr., et 69k,738 d'une autre marchandise à raison de 40f,75 le kilogr.; il a revendu le tout à raison de 47f,65 le kilogr. On demande le bénéfice ou la perte. (Rép. 572f,27 de bénéfice.)

149. Partager un legs de 64 000 francs entre trois personnes, de manière que la part de la seconde soit les $\frac{3}{4}$ de celle de la première, et que celle de la troisième soit les $\frac{4}{5}$ de celle de la seconde.

(Rép. 1re part : 27234f,04; 2e part: 20425f,53; 3e part : 16340f,43.)

150. Un ouvrier avait à faire un ouvrage; le 1er jour il a fait le quart, le 2e la moitié du reste, le 3e le tiers du reste; il termine le 4e jour et reçoit 6 fr. pour le travail de cette dernière journée. Combien a-t-il reçu pour chaque journée de travail? Combien a-t-il reçu en tout? (Rép. 6 fr.; 9 fr.; 3 fr.; 6 fr.; en tout 24 francs.)

151. 27 kilogrammes d'une marchandise ont coûté 125f,50. Combien coûteraient 75 kilogr. de la même marchandise?

(Rép. 348f,61.)

152. 1° 1 litre d'air pèse 1g,293; 1 litre d'eau pure pèse 1 kilogramme. Quel est le rapport du second poids au premier?

2° Quel est le poids de 5 litres 37 centilitres d'eau pure prise dans les conditions du gramme?

(Rép. 1° Le rapport est celui de 1000 à 1,293, ou 773,395; 2° 5kg,37 est le poids demandé.)

153. 1° Quel est le volume d'un bloc de pierre du poids de 2801 kilog., sachant qu'un centimètre cube de cette pierre pèse 2g,75?

2° Pour peser un objet, on lui fait équilibre avec 7 pièces de 5 fr., 8 pièces de 2 fr. et 9 pièces de 5 centimes. Quel est le poids de cet objet? (Rép. 1° 1mc,018545; 2° 300 grammes.)

154. 1° Combien vaut 1 kilogr. d'argent non monnayé, au titre de 0g,900?

2° Quelle est la valeur d'un kilogr. d'argent pur?

3° Combien coûte un lingot d'argent du poids de 54 kilogr., au titre de 0g,7?

4° Combien perd une pièce d'or de 20 francs qui ne pèse que 6g,248?

5° Quelle est la valeur d'un kilogr. d'or monétaire avant d'être monnayé?

6° Quelle est la valeur d'un kilogr. d'or pur?

(Rép. 1° 198f,50; 2° 220f,55; 3° 8337 fr.; 4° perte de 0f,63; 5° 3093f,30; 6° 3437 fr.)

155. 65 est la somme de deux nombres, et 15 est leur différence. Quels sont ces nombres? (Rép. 25 et 40.)

156. On triple un nombre; on quintuple le sixième de ce produit, et l'on obtient 40. Quel est le nombre auquel on a fait subir ces changements? (Rép. 16.)

157. Quelle est la valeur du florin de Bavière? C'est une pièce d'argent du poids de 10g,606 au titre de 0,900. (Rép. 2f,12 à 1 centime près.)

158. Un tailleur a acheté 7m,40 de drap à raison de 16f,50 le mètre; il en a fait 2 habits et 4 pantalons; il a dépensé pour doublures et autres fournitures 11f,50; il vend les habits 45 fr. pièce et les pantalons 19 fr. Combien lui reste-t-il pour la façon? (Rép. 32f,40.)

159. Une tonne métrique de marchandise a coûté 6342 francs. Combien coûterait un myriagramme de cette marchandise? (Rép. 63f,42.)

160. Une personne possède un lingot d'argent pur du poids de 435 grammes. Quelle somme monétaire représente-t-il, si on lui ajoute l'alliage exigé par la loi? (Rép. 96f,67.)

161. On a payé 25 francs la quantité de laine nécessaire pour faire une tapisserie, alors que le prix de cette laine avait augmenté de 15 p. 100. Combien l'aurait-on payée avant l'augmentation de prix? (Rép. 21f,74.)

162. Les Indes anglaises occupent une superficie de 600 000 milles carrés et comptent 120 millions d'habitants; le mille carré vaut 2,589 kilomètres carrés. Combien d'habitants par kilomètre carré aux Indes anglaises? (Rép. 77, à un habitant près.)

163. 1° Quel est le poids de 3719f,50 en argent monnayé?

2° Combien a-t-on employé d'argent et de cuivre pour fabriquer cette somme?

(Rép. 1° 18 597gr,50; 2° 15 528gr,9125 d'argent et 3068gr,5875 de cuivre.)

164. La loi accorde aux fabricants de monnaie une tolérance de 3 millièmes sur le poids d'une pièce de 5 francs. A combien de centimes équivaut cette tolérance? (Rép. $1^c\frac{1}{2}$.)

165. La tolérance sur le poids des monnaies d'or est exprimée par les 2 millièmes de leurs poids. A combien de centimes revient-elle sur une pièce d'or de 20 francs? (Rép. A 4 centimes.)

166. On emploie $\frac{2}{9}$ de mètre d'étoffe pour faire un bonnet d'enfant. Combien fera-t-on de bonnets dans deux coupons d'étoffe ayant l'un $\frac{3}{4}$ et l'autre $\frac{5}{6}$ de mètre? (Rép. 7 bonnets $\frac{1}{8}$; pour 7 bonnets il faudra $\frac{14}{9}$ de mètre, et il restera $\frac{1}{36}$ de mètre.)

167. Le balancier d'une montre fait 145 battements à la minute; on a compté 54 battements de la montre entre l'instant où l'on a aperçu un éclair et celui où l'on a entendu le tonnerre. A quelle distance a jailli l'éclair? (A la température ordinaire, le son parcourt 340 mètres par seconde*.) (Rép. 7597 mètres.)

168. Quelle est la population spécifique de la Savoie? Sa superficie est de 5759kil. car.,20; le nombre des habitants est de 275 069. (Rép. 47,7.)

169. On a dépensé 108 francs pour l'achat d'une égale quantité de satin et de velours; le satin a coûté 5f,25 le mètre, et le velours 6f,75. Combien a-t-on acheté de mètres de chaque étoffe?

(Rép. 9 mètres.)

170. Partager 6490 francs entre quatre personnes sous les conditions suivantes : la première aura 160 francs de plus que la seconde; la seconde aura 240 francs de plus que la troisième; la

* A la température 0, il n'en parcourt que 337.

troisième aura 350 francs de plus que la quatrième. Quelle sera la part de chaque personne?

(Rép. 1re 1950 fr.; 2e 1790 fr.; 3e 1550 fr.; 4e 1200 fr.)

171. La vitesse d'un paquebot à vapeur est de 8 $\frac{1}{2}$ nœuds par heure; la longueur du nœud est de 1852m. Comparez cette vitesse à celle des chemins de fer, qui est de 50 kilomètres par heure (grande vitesse).

(Rép. Les $\frac{31}{100}$ environ de celle du chemin de fer.)

172. La distance de Paris à Blois, par le chemin de fer, est de 178 kilomètres, et celle de Paris à Bordeaux est de 585 kilom.; de Paris à Blois, on paye 10f,95 en troisième classe. Combien doit-on payer de Blois à Bordeaux, en admettant que le prix des places soit proportionnel à la distance parcourue? (Rép. 25f,04.)

CHAPITRE III.

SUJETS DE COMPOSITION (MODÈLES) *.

(Le maître y joindra un sujet de théorie.)

173. Un livre coûte 3f50, on en achète une douzaine, on a le treizième par-dessus le marché, et le marchand fait un rabais de 25 pour 100. A combien revient chaque exemplaire? (Rép. 2f,42.)

174. 1° Quelle quantité de cuivre faut-il ajouter à un lingot d'argent du poids de 3852 grammes pour en faire de la monnaie? 2° Quelle sera la valeur de cette monnaie?
(Rép. 1° 761gr,173; 2° 922f,60 avec un reste de 0g,173 d'argent monétaire.)

175. Combien pèse une somme de 500 francs en or? Quel est le volume de l'eau qui a le même poids?
(Rép. 1° 161gr,29; 2° 0l,16129.)

176. On a perdu 13 pour 100 sur un capital qui se trouve ainsi réduit à la somme de 12 500 francs. Quel était ce capital?
(Rép. 14 367f,82.)

177. Quelle est la somme d'argent monnayé qui a le même poids que 25 litres d'eau pure? (Rép. 5000 francs.)

178. Partager 48 000 francs proportionnellement aux fractions $\frac{1}{2}$, $\frac{1}{3}$ et $\frac{1}{4}$. (Rép. 1° 22 153f,85; 2° 14 769f,23; 3° 11 076f,92.)

179. Une personne laisse en mourant une fortune de 12 400 francs qu'elle distribue de la manière suivante: les $\frac{2}{5}$ aux pauvres, $\frac{1}{6}$ aux écoles et le reste à l'église de la paroisse. On demande la valeur de chaque part.
(Rép. 1° 4960 francs; 2° 2066f,67; 3° 5373f,33.)

---

* Il sera bon, comme dans les concours et examens de n'accorder qu'une heure pour cette épreuve, accompagnée d'une ou de plusieurs questions de *théorie* choisies par le maître.

180. Une fontaine donne $\frac{2}{3}$ d'hectolitre d'eau dans une heure ; une autre en fournit $\frac{3}{4}$ d'hectolitre dans le même temps. Au bout de combien de temps fourniront-elles 1000 hectolitres d'eau si elles coulent ensemble ? (Rép. 29^{j} 9^{h} 53^{m}.)

181. Calculer la longueur d'un degré du méridien, ainsi que le tour de la terre. (Rép. 1° 111^{km},11 ; 2° $40\,000^{km}$.)

182. Combien faudra-t-il d'heures à un bateau marchand pour aller de Brest à Nantes par le canal, qui a 374 kilomètres de long ? On sait que ce bateau parcourt 5^{m},40 par seconde.)
(Rép. 19^{h} 14^{m} 19^{s}.)

183. 75 kilogr. de marchandise ont coûté 348^{f},60. Combien aura-t-on de kilogr. de cette marchandise pour 125^{f},50?
(Rép 27.)

184. On a emprunté une somme pour 5 ans, à 3 pour 100. On la place à 5 pour 100 ; au bout de 3 ans, on la retire et on la place avec ses intérêts, à 5 pour 100 ; 2 ans plus tard, on la retire, on rend la somme empruntée avec ses intérêts et on a un bénéfice de 1150^{f}. Quelle est la somme empruntée ?
(Rép. 10 000 fr.)

185. Après une bataille, un régiment se trouve réduit à 220 hommes. Quel était son effectif, sachant que les $\frac{2}{7}$ ont été tués, que $\frac{1}{3}$ a été fait prisonnier, et que $\frac{1}{4}$ est entré à l'hôpital ?
(Rép. 1680 hommes.)

186. Une personne est née le 28 mai 1808, à 7^{h} 25^{m} du soir ; elle est décédée le 13 avril 1850, à 10^{h} 15^{m} du matin. Combien de temps a-t-elle vécu ? (Rép. 41^{a} 10^{m} 15^{j} 14^{h} 50^{m}.)

187. On propose de transformer en heures, minutes et secondes la partie décimale de jour renfermée dans l'expression :

365 jours, 242264.

(Rép. 5^{h} 48^{m} 51^{s},61.)

188. Un marchand avait dans sa cave 428 hectolitres de vin, il en a reçu 200 hectolitres 8 décalitres ; il en a vendu 326 hecto litres 28 litres. Combien lui en reste-t-il?
(Rép. 302 hectolitres 52 litres.)

189. Deux wagons de chemin de fer partent en même temps de la même station et se dirigent en sens contraire; la vitesse du premier est de 44 kilomètres à l'heure; celle du second est de 64 kilomètres. Au bout de combien de temps seront-ils éloignés l'un de l'autre de 680 kilomètres? Quelle sera alors la distance de chacun d'eux au point de départ? (Année 1869.)
(Rép. 1° $6^h\ 17^m\ 47^s$; 2° 277 kil. et 403 kil.)

190. Un particulier en mourant lègue le septième de sa fortune aux pauvres de sa commune, et les $\frac{5}{12}$ à son médecin; le reste s'élève à 37 000 francs qui reviennent de droit à ses héritiers. Calculer le montant de la fortune du défunt, et la part de chacun. (Année 1870.)
(Rép. 1° 84 000 fr.; 2° 12 000 fr.; 3° 35 000 fr.; 4° 37 000 fr.)

191. Le vin contenu dans un tonneau y occupe un volume de 547 815 centimètres cubes; ce vin a été vendu pour la somme de $437,70^f$. A combien revient le litre? (Année 1870.)
(Rép. A 80 cent.)

192. Une ouvrière a employé $6^h\ 45^m$ pour broder une étoffe de 1 mètre carré 21 décimètres carrés 50 centimètres carrés, à raison de 2 centimes le décimètre carré. Combien a-t-elle gagné par heure? (Année 1870.) (Rép. 36 centimes.)

193. Un parc a 7 hectares 25 centiares de superficie; les plantations et les parties cultivées occupent une étendue de 345 ares. Combien reste-t-il de mètres carrés pour les allées? (Année 1870.)
(Rép. 35 525 mètres carrés.)

194. Le fil de fer employé dans la télégraphie électrique pèse un hectogramme par mètre, et coûte 40 centimes le kilogramme. Combien a-t-on dépensé pour mettre en communication Paris et Orléans, en supposant qu'il y ait 5 fils? On sait en outre qu'Orléans est à 121 kilomètres de Paris. (Année 1870.) (Rép. 24 200 francs.)

195. Une ouvrière brode 3 mètres de dentelle en 8 jours, et une autre en brode $1^m,25$ en 2 jours. Quelle est la plus habile? Quel ouvrage feraient-elles par jour si elles travaillaient ensemble? (Année 1870.) (Rép. 1° la deuxième; 2° 1^m.)

196. Les trains express de chemin de fer mettent $2^h\ 40^m$

parcourir les 121 kilomètres de Paris à Orléans. Combien mettraient-ils de temps pour aller de Paris à Nancy, sachant que ces deux villes sont à 353 kilomètres l'une de l'autre? (Année 1870.)
(Rép. 7^h 47^m.)

197. On propose de payer 290 francs avec 103 pièces d'argent, les unes de 5 francs et les autres de 2 francs. Combien en faut-il de chaque? (Année 1871.)
(Rép. 75 pièces de 2 francs et 28 pièces de 5 francs.)

198. L'hectolitre de froment pèse 75 kilogrammes et coûte $21^f,25$; quand on réduit le froment en farine, il perd environ $\frac{1}{5}$ de son poids. Cela posé, combien faudrait-il moudre d'hectolitres de froment pour obtenir 100 kilogrammes de farine, et combien coûterait la quantité de blé nécessaire pour avoir cette farine ?
(Année 1871.) (Rép. 1° $1^h \frac{2}{3}$; 2° $35^f,42$.)

199. Il faut $35^m,05$ d'étoffe ayant $\frac{3}{4}$ de mètre de large, au prix de $2^f,45$ le mètre, pour doubler une draperie. Combien faudrait-il de mètres de cette étoffe si la largeur n'était que de $\frac{3}{7}$ de mètre ? Dans cette hypothèse, quel serait le prix du mètre? (Année 1871.)
(Rép. 1° $61^m,34$; 2° $1^f,40$.)

200. En 1789, la durée de la vie moyenne était, en France, de 28 ans 9 mois; depuis cette époque jusqu'en 1856, elle a augmenté de 38 pour 100. Quelle était, en 1856, la durée de la vie moyenne.
(Rép. 39 ans 8 mois.)

201. Une famille se compose de 6 personnes qui, en moyenne, gagnent ensemble $8^f,75$ par jour, et travaillent par an pendant 304 jours; à la fin de l'année cette famille économe place 80 francs à la caisse d'épargne au nom de chacun de ses membres. On demande combien elle a dépensé par jour. (Année 1872.)
(Rép. $5^f,97$.)

202. Un tapis a $3^m,50$ de long sur $2^m,25$ de large; on veut le doubler avec une étoffe qui a 45 centimètres de large. Quelle doit être la longueur de cette étoffe? (Année 1872.) (Rép. $17^m,5$.)

203. Un hectolitre de haricots pèse 76 kilogrammes. Combien coûteront 36 décalitres de haricots, à raison de 45 centimes le kilogramme? (Année 1872.) (Rép. 123f,12.)

204. La population de Paris est environ les $\frac{9}{16}$ de celle de Londres; celle de New-York en est les $\frac{13}{32}$, et celle de Constantinople les $\frac{11}{32}$. Calculer l'excès de la population totale de ces trois villes sur celle de Londres. (Année 1872.) (Rép. $\frac{5}{16}$.)

205. Un ouvrier dépense par jour en moyenne 10 centimes de tabac, 15 centimes d'eau-de-vie et 35 centimes de café. Quelle somme cela fait-il au bout du mois? Quelle somme économiserait-il au bout de 15 ans, s'il ne faisait pas les trois dépenses journalières précitées? (Année 1872.) (Rép. 1° 18 fr.; 2° 3286f,80.)

206. La superficie d'une cour est de 145 centiares. A combien reviendrait le pavage de cette cour avec des pavés de 10 décimètres carrés? On admettra que chaque pavé, la pose comprise, coûte 65 centimes. (Année 1872.) (Rép. 942f,50.)

207. On a acheté un tonneau de vin de 690 litres pour la somme de 582 francs; ce tonneau, conservé pendant un certain temps, renferme 53 litres de moins. A quel prix faut-il vendre le litre de ce vin pour gagner 12 pour 100 sur le prix d'achat?
(Rép. 1f,02.)

208. Convertir en minutes de temps le nombre complexe :

$6^a\ 9^m\ 19^j\ 14^h\ 36^m$.

(Rép. 3 527 436m. En comptant chaque année pour 12 mois de 30 jours.)

Nota. Si l'on compte les années et les mois pour leurs durées réelles, et qu'on suppose que le temps donné commence le 1er janvier 1864, on obtient 3 577 836m.

209. Convertir en kilomètres les 9 degrés $\frac{2}{3}$ qui ont été mesurés par Méchain et Delambre pour la détermination du mètre.
(Rép. 1074k,07.)

210. On verse 35 litres d'eau dans 180 litres de vin valant 43 francs l'hectolitre. A combien revient le litre du mélange? (Année 1872.) (Rép. A 36 centimes.)

211. Un vase rempli d'eau pèse $28^k,50$; vide, il ne pèse que $2^k,30$. Quelle en est la capacité ? (Examen de quinze ans, 1871.) (Rép. $26^l,2$.)

212. J'ai dépensé les $\frac{2}{3}$ de ce que j'avais; j'ai perdu $\frac{1}{5}$ du reste ; j'ai donné les $\frac{3}{5}$ de mon nouveau reste et j'ai encore 8 fr. Combien avais-je d'abord ? (Rép. 75 francs.)

213. Combien doit une personne qui achète $\frac{3}{5}$ de mètre d'une étoffe qui vaut $14^f,75$ le mètre ? (Rép. $8^f,85$.)

214. Une couturière a un coupon d'étoffe de $20^m,70$. 1° Elle emploie pour une première robe les $\frac{5}{9}$ du coupon, et pour une seconde, le reste. Combien entre-t-il d'étoffe dans chaque robe? 2° L'étoffe coûte $6^f,20$ le mètre; mais comme on paye comptant, le marchand fait un escompte de 3 pour 100. Combien lui doit-on? (Année 1874.) (Rép. 1° $11^m,50$ pour la première robe ; $9^m,20$ pour la deuxième; 2° $124^f,49$.)

215. Un bout de ruban de 5 centimètres de longueur a coûté 4 centimes. Quel est le prix du mètre ? (Année 1874.) (Rép. 80 centimes.)

216. 1° Une ouvrière a fait en un jour $4^m \frac{2}{7}$ d'ouvrage; une autre a fait en 3 jours $12^m \frac{4}{15}$ du même ouvrage. Quelle est celle qui travaille le plus vite ?

2° La première a été payée à raison de 15 centimes par septième de mètre. Combien gagne-t-elle dans sa journée?

3° La deuxième a été payée à raison de 7 cent. par quinzième de mètre. Combien a-t-elle gagné dans ses trois journées? (Année 1874.)

(Rép. 1° La première fait en un jour $\frac{62}{315}$ de mètre de plus que la deuxième; 2° $4^f,50$; 3° $12^f,88$.)

DEUXIÈME PARTIE

EXAMEN DU SECOND ORDRE

(BREVET D'INSTITUTRICE)

PROGRAMME OFFICIEL.

Épreuves écrites. — 1° Une page d'écriture à main posée, en gros, en moyen, en fin, dans les trois principaux genres : cursive, ronde et bâtarde; 2° Dictée d'orthographe; 3° Récit emprunté à l'histoire de France; 4° Solution raisonnée d'un ou de plusieurs problèmes d'arithmétique, comprenant l'application des nombres entiers et l'usage des fractions.

Épreuves orales. — 1° Lecture du français : dans un recueil de morceaux choisis, en prose et en vers; dans un manuscrit; du latin dans un psautier ou dans un livre d'offices; 2° Questions sur le catéchisme et l'histoire sainte; 3° Analyse d'une phrase au tableau noir; 4° Questions d'arithmétique et de système métrique; 5° Questions d'histoire et de géographie de la France.

(Des questions sur les procédés d'enseignement des diverses matières comprises dans le programme obligatoire seront en outre adressées aux candidats.)

Observations. — La Commission d'examen se réunit ordinairement en mars et en octobre.

Les pièces à produire pour l'inscription, qui doit

être faite un mois au moins avant l'ouverture de la session, sont :

1° L'acte de naissance légalisé, constatant que l'aspirante est âgée de seize ans accomplis le jour de l'ouverture de la session (*aucune dispense d'âge n'est accordée*, décret du 2 mai 1870);

2° L'acte de mariage, s'il y a lieu, et l'acte de décès du mari, si l'aspirante est veuve;

3° La déclaration que l'aspirante ne s'est présentée devant aucune Commission d'examen dans l'intervalle des quatre mois qui précèdent la session; cette déclaration, exempte des droits de timbre, doit être écrite et signée par l'aspirante, et légalisée par le maire de l'arrondissement ou de la commune où elle réside.

Aucune inscription ne sera faite que sur la production de toutes ces pièces.

L'inscription des aspirantes est reçue à la Préfecture de la Seine, de 11 heures à 3 heures (bureau de l'instruction publique, au Luxembourg).

CHAPITRE I.

EXAMENS ORAUX.

217. On a acheté deux propriétés pour la somme de 81 500 francs; la première coûte les $\frac{5}{8}$ du prix de la seconde. Quel est le prix de chacune? (Rép. 1° 31 346^{f},15; 2° 50 153^{f},85.)

218. Une éclipse de lune a commencé à 5 heures 35 minutes du matin, et elle a fini à 9 heures 26 minutes. Combien de temps a-t-elle duré? Convertissez en secondes la différence trouvée.
(Rép. 1° 3^{h} 51^{m}; 2° 13 860 secondes.)

219. La durée de l'année tropique est de 365^{j},24222. Exprimez la en jours, heures, minutes et secondes. (Rép. 365^{j} 5^{h} 48^{m} 48^{s}.)

220. Combien de jours, d'heures et de minutes dans 274 605 minutes? (Rép. 190^{j} 16^{h} 45^{m}.)

221. La distance de la terre au soleil est environ de 152 784 000 kilomètres. On demande le temps que met la lumière solaire à venir jusqu'à nous, à raison de 308 000 kilomètres par seconde.
(Rép. 8^{m} 16^{s}.)

222. Un marchand a acheté 375 mètres de drap pour 9728 fr.; il les a revendus à raison de 31 francs le mètre. Combien a-t-il gagné? (Rép. 1897 francs.)

223. Une prime de 75 800 fr. échoit à 18 personnes. Combien revient-il à chacune, si on prélève 1562 fr. employés à se faire payer promptement? $\left(\text{Rép. } 4124^{f},33, \text{ à } \frac{1}{2} \text{ centime près.}\right)$

224. Un enfant né le 11 mai 1863, à 8 heures 30 minutes du soir, est mort le 13 du même mois, à 9 heures 45 minutes du matin. Combien a-t-il vécu de temps? Réduisez le tout en minutes.
(Rép. 37^{h} 15^{m}, ou 2235^{m}.)

225. Combien de minutes dans $191^j\ 12^h\ 45^m$? Rapporter au jour le résultat obtenu?
$\left(\text{Rép. } 1^\circ\ 275\,805^m;\ 2^\circ\ \frac{275\,805}{1440} \text{ de jour.}\right)$

226 Un particulier a dépensé successivement le tiers, le quart et le cinquième de sa fortune, qui s'élevait à 100 000 francs. 1° Combien lui reste-t-il; 2° quel était son revenu à raison de 5 pour 100 du capital? (Rép. 1° 21 $666^f,67$; 2° 5000.)

227. Un père a 48 ans et son fils en a 18. Au bout de combien d'années l'âge du père sera-t-il les $\frac{12}{7}$ de celui du fils?
(Rép. 24 ans.)

228. Un ouvrier a fait successivement pour un propriétaire 4 journées $\frac{1}{3}$, 7 journées $\frac{1}{2}$, 2 journées $\frac{2}{3}$, 5 journées $\frac{1}{4}$. Combien de journées en tout? Combien ont-elles rapporté, à raison de $3^f,75$ chacune? $\left(\text{Rép. } 1^\circ\ 19 \text{ jours } \frac{3}{4};\ 2^\circ\ 74^f,06, \text{ à } \frac{1}{2} \text{ centime près.}\right)$

229. $5^m\frac{1}{2}$ d'une pièce d'étoffe coûtent $37^f\frac{1}{3}$. Combien coûteront $8^m\frac{1}{2}$ de cette étoffe? (Rép. $60^f,04$.)

230. La surface d'une glace est de $18^{mq},0432$; sa largeur est de $3^m,36$. Quelle est sa hauteur? (Rép. $5^m,37$.)

231. Trois ouvriers ont travaillé ensemble :

Le premier, pendant 16 jours, et 10 heures par jour,
Le deuxième, pendant 18 » et 8 » »
Le troisième, pendant 17 » et 9 » »

On leur a partagé 400 francs. Combien revient-il à chacun?
(Rép. 1° $140^f,04$; 2° $126^f,04$; 3° $133^f,92$.)

232. 24 ouvriers, en travaillant pendant 30 jours, ont gagné 850 francs. Combien de francs gagneraient 28 ouvriers en travaillant pendant 45 jours? (Rép. $1487^f,50$.)

233. Lequel serait le plus économique pour une famille, de boire à chaque repas 3 litres de bière à 40 centimes le litre, ou

2 litres d'une boisson formée de 30 litres d'eau et de 45 litres de vin à 90 centimes le litre ?

(Rép. On gagne 12 centimes à boire du vin.)

234. On obtient 56 francs de remise sur le prix d'achat de 15 objets valant 26 francs pièce. A combien revient chaque objet ?

(Rép. A 22f,27.)

235. Un banquier avait en caisse une somme de 74 851f,25 ; il a fait trois payements : le premier de 6800 francs ; le second, de 3465f,35 ; le troisième, de 7444 francs. Il compte ensuite ce qui reste dans sa caisse, et y trouve 57 146f,30. On demande si ce banquier n'a commis aucune erreur dans ses payements.

(Rép. Erreur à l'avantage du banquier : 4f,40.)

236. Quel est le prix d'une terre de 3 hectares 5 ares, qui a été vendue à raison de 35 centimes le mètre carré ?

(Rép. 10 675 francs.)

237. 1° Quelle est l'étendue superficielle d'une classe de 8m,50 de longueur sur 6m,80 de largeur. 2° Quel serait le volume de la salle si sa hauteur était de 4m,75 ?

(Rép. 1° S = 57mq,80 ; 2° V = 274mc,55.)

238. Un oncle a légué sa succession à 4 neveux : le premier en a $\frac{1}{6}$, le second $\frac{1}{9}$, le troisième $\frac{3}{10}$, et le quatrième les 22 952 francs qui restent. A combien se monte la succession ? Combien revient-il aux trois premiers héritiers ?

(Rép. La succession est de 54 360 fr. Les parts respectives sont : 9060 fr. ; 6040 fr. ; 16 308 fr. ; 22 952 fr.)

239. Une personne lègue son bien montant à 256 000 francs aux conditions suivantes : Son neveu aura deux fois plus que chacune de ses nièces ; ses nièces auront chacune deux fois plus que chacun de ses cousins ; ses cousins deux fois plus que ses cousines. Combien revient-il à chaque héritier, sachant qu'il y a un neveu, deux nièces, quatre cousins et huit cousines ?

(Rép. 1 neveu 64 000 fr. ; 1 cousin 16 000 fr. ;
1 nièce 32 000 fr. ; 1 cousine 8 000 fr.)

240. Une maison est louée pour la somme de 3240 francs. Elle est louée à raison de 4 pour 100 de sa valeur. Quel est le prix de la maison? (Rép. 81 000 fr.)

241. Quel capital doit-on posséder pour pouvoir dépenser annuellement 17 francs par jour? On supposera l'année commune, et le capital placé à 5 pour 100. (Rép. 124 100 francs.)

242. Trois marchands ont mis en société: le 1er 25 090 fr., le 2e 48 000 fr., le 3e 42 900 fr.; ils ont gagné 57 000 fr. Combien revient-il à chacun outre sa mise?

(Rép. Au 1er : 12 329f,77.
Au 2e : 23 588 ,24.
Au 3e : 21 081 ,99.)

243. 8 ouvriers ont mis 20 jours pour transporter 150 mètres cubes de terre à 50 mètres de distance. Combien 12 ouvriers emploieront-ils de jours pour transporter 180 mètres cubes de terre à 60 mètres de distance? $\left(\text{Rép. 19 jours } \frac{1}{5}.\right)$

244. Trois personnes héritent: la 1re de 20 000 fr., la 2e de 18 000 fr., la 3e de 12 000 fr.; elles doivent acquitter 10 000 fr. de dettes. Combien revient-il à chacune?

(Rép. 1re : 16 000 fr.
2e : 14 400 fr. } Total : 40 000.)
3e : 9 600 fr.

245. Une horloge est réglée à midi le 1er jour du mois, et elle avance de $\frac{1}{3}$ de minute par heure. Combien lui faudra-t-il de jours pour marquer de nouveau l'heure véritable? (Rép. 90 jours.)

246. On a mêlé 100 hectolitres de blé avec 58 de seigle et 96 d'orge. A combien revient l'hectolitre de ce mélange, sachant que le blé, le seigle et l'orge coûtent respectivement 18 fr., 12 fr. et 11 fr. l'hectolitre? (Rép. 13f,98.)

247. Un marchand vend à une personne $5^{m}\frac{4}{5}$ d'une pièce de drap, à une autre $12^{m}\frac{7}{9}$ et il lui reste encore $18^{m}\frac{2}{3}$. Quelle était la longueur de cette pièce de drap? $\left(\text{Rép. } 37^{m}\frac{11}{45}.\right)$

248. Une personne interrogée sur son âge, répond : J'aurais 112 ans si j'avais les $\frac{4}{5}$ de mon âge, plus 2 fois mon âge. Quel est l'âge de cette personne ? (Rép. 40 ans.)

249. Un père et son fils ont ensemble 120 ans. Quel est l'âge de chacun d'eux, sachant que l'âge du fils est les $\frac{2}{3}$ de celui du père ? (Rép. Le père a 72 ans et le fils 48.)

250. Un voyageur fait $3^k\frac{4}{5}$ par heure. Combien un second voyageur doit-il faire de kilomètres par heure pour atteindre le premier en 48 heures, sachant que ce premier a 60 kilomètres d'avance sur le second ? $\left(\text{Rép. } 5^k\frac{1}{20}.\right)$

251. Combien coûtent 10 kilogrammes $\frac{3}{4}$ de sucre à raison de 1 fr. $\frac{3}{5}$ le kilogramme ? (Rép. 17^f,20.)

252. Une fontaine met $\frac{1}{4}$ d'heure pour remplir $\frac{2}{15}$ d'un bassin. Au bout de combien de temps les $\frac{6}{7}$ seraient-ils remplis ? $\left(\text{Rép. } 1^h 36^m \frac{3}{7}.\right)$

253. Deux sources donnent, l'une 25 hectolitres d'eau par heure, l'autre 15 hectolitres. Combien leur faudra-t-il de temps pour remplir ensemble un bassin dont la capacité est de 1000 hectolitres ? (Rép. 25 heures.)

254. Un marchand achète du drap qui lui coûte 12^f,75 le mètre ; on lui en livre 4 pièces d'égale longueur, plus un coupon de 4 mètres, pour 2193 francs. Combien chaque pièce doit-elle contenir de mètres ? (Rép. 42 mètres.)

255. D'après le recensement de 1861, la population de la France était de 37 382 225 habitants, et son étendue territoriale de 530 000 kilomètres carrés. Quelle est la population spécifique de la France ; autrement dit, combien d'habitants par kilomètre carré ? (Rép. 70 habitants environ.)

256. Une commune payait 25 246 francs pour les contributions directes ; elle est obligée de s'imposer extraordinairement de 2 centimes $\frac{1}{2}$. Quel est le montant de l'imposition extraordinaire ? Combien doit payer un contribuable qui payait déjà 28 francs par an ?
(Rép. 1° 631f,15 ; 2° 28f,70.)

257. On a acheté 57 mètres de toile à 1f,50 le mètre, 18 mètres à 2 fr., et 63m,5 à 1f,45 ; le marchand fait une remise de 19f,95 sur le tout. A combien revient le mètre de cette toile ?
(Rép. 1f,40, à 1 centime près.)

258. En 1861, à Paris, la dépense pour consommation en huîtres a été telle que la moitié du quart de son onzième faisait 25 163 francs. 1° Quelle est cette dépense ? 2° A combien de douzaines la consommation s'est-elle élevée, à raison de 65 centimes la douzaine ?
(Rép. 1° La dépense totale a été de 2 214 344 francs ; 2° Le nombre de douzaines s'est élevé à 3 406 683.)

259. Combien doit-on prendre de mètres de toile ayant 78 centimètres de large pour doubler 46 mètres de drap ayant 95 centimètres de large ? (Rép. 56m,025.)

260. On estime que la ville de Paris consomme annuellement en moyenne 1 590 000 hectolitres de vin en cercles. Combien cela fait-il de bouteilles, à raison de 5 bouteilles par 4 litres ?
(Rép. 198 750 000 bouteilles.)

261. Le prix du pain blanc étant supposé fixé à 32 centimes le kilogramme, quelle sera, pour la consommation du pain, la dépense annuelle d'une famille, d'après les conditions suivantes :

Le père mange par jour.	1 kilogr. de pain,
La mère.	612 grammes,
3 enfants mang. chac. en moyenne	47 décagrammes.

(Rép. 352f,97.)

262. Un spéculateur achète une propriété pour la somme de 243 857 francs ; il y a fait pour 92 658 francs de réparations ou de constructions ; il partage ensuite cette propriété en 24 lots égaux. Combien doit-il vendre chacun de ces lots pour gagner 48 000 francs sur le tout ? (Rép. 16 021f,46.)

263. Le sucre coûte $1^f,30$ le kilogramme, et le café $2^f,30$; un épicier veut dépenser 350 francs pour l'achat d'une égale quantité de sucre et de café. Combien devra-t-il acheter de kilogrammes de l'une et de l'autre denrée? $\left(\text{Rép. } 97^k,22, \text{ à } \frac{1}{2} \text{ centième près.}\right)$

264. On demande à un calculateur la somme d'argent qu'il a dans sa bourse; il répond: J'ai les $\frac{2}{3}$ des $\frac{3}{5}$ des $\frac{7}{8}$ de 100 francs. Combien a-t-il? (Rép. 35 francs.)

265. Un nombre est tel que si l'on ajoute 12 à ses $\frac{2}{3}$ augmentés de ses $\frac{5}{8}$, on a 136. Quel est ce nombre? (Rép. 96.)

266. Un père et son fils disposent pour leur entretien d'une somme de 650 francs; la dépense du fils est les $\frac{11}{15}$ de celle du père. Quelle est la dépense de chacun?
(Rép. 1° 375 francs; 2° 275 francs.)

267. Combien peut-il entrer d'eau dans un réservoir de $15^m,40$ de longueur sur $10^m,25$ de largeur et 3 mètres de profondeur, sachant qu'il y a déjà 64 254 litres d'eau dans ce bassin?
(Rép. 409 296 lit.)

268. La viande de boucherie se vend à des prix variables; en particulier, la poitrine de bœuf coûte $1^f,15$ le kilogramme; une ménagère achète $4^k,50$ de ce morceau et remet $4^f,25$. A-t-elle payé exactement? $\left(\text{Rép. Non, il manquait } 92^c\, \frac{1}{2}.\right)$

269. Un sac contenant de l'argent monnayé pèse 2615 grammes; vide, ce sac ne pèse plus que 25 grammes. Quelle est la valeur de la somme qu'il contient? (Rép. 518 francs.)

270. Une personne gagne 2200 francs par an; pour s'acquitter envers un créancier, elle paye annuellement 375 francs. Combien lui restera-t-il à dépenser par jour? Au bout de combien d'années aura-t-elle remboursé 2625 francs qu'elle doit?
(Rép. 1° 5 francs; 2° 7 ans.)

271. Un marchand a acheté quatre pièces de vin :

La première,	de 350^{litr},00	a coûté.......	105^{f},00
La deuxième,	353 25	»	780 75
La troisième,	75 35	»	701 40
La quatrième,	140 75	»	703 75

1° Combien de décalitres en tout? 2° Combien a-t-on déboursé? 3° Combien coûte le litre de vin de chaque qualité?
(Rép. 1° 91^{dec},935; 2° 2290^{f},90; 3° : 1re 30 centimes, 2e 2^{f},21, 3e 9^{f},31, 4° 5 francs.)

272. Un baril plein d'huile d'olive pèse 40^{k} $\frac{1}{2}$; vide, il pèse 3^{k},9: sa capacité est de 40 litres. Quel est le poids d'un litre du liquide? (Rép. 915 grammes.)

273. On achète pour 41 francs une charge de houille du poids de 1140 kilogrammes. Quelle est la dépense journalière d'un fourneau qui consomme 95 kilogrammes de houille?
$\left(\text{Rép. } 3^{f},42 \text{ à } \frac{1}{2} \text{ centime près.}\right)$

274. Une personne a 6000 francs de rente. Combien peut-elle dépenser par jour? par semaine? par mois?
(Rép. 1° 16^{f},44; 2° 115^{f},07; 3° 500 francs.)

275. Un champ de 45^{m},3 de longueur sur 9^{m},60 de largeur a été payé 1 860 francs. D'après ces conditions, quel est le prix de l'hectare de ce champ? $\left(\text{Rép. } 42\ 770^{f},42 \text{ à } \frac{1}{2} \text{ centime près.}\right)$

276. Un marchand de bois reçoit 36 stères de bois de chêne, 68 stères de bois de sapin et 86 stères de bois de hêtre; pour le chêne il paye 11^{f},35 le stère; pour le sapin, 8^{f},50; pour le hêtre, 12 francs. Il donne un à compte de 600 francs. Combien redoit-il?
(Rép. 1418^{f},60.)

277. Une lingère a payé 36 chemises 145^{f},90; elle les revend 5^{f},75 pièce. 1° Combien gagne-t-elle en tout? 2° Combien devrait-elle les revendre pour réaliser un bénéfice de 30^{f},50?
(Rép. 1° 61^{f},10; 2° 4^{f},90.)

278. Une lingère a fait confectionner 125 chemises pour la somme de 562f,50. Combien doit-elle vendre la douzaine pour gagner 75 centimes par chemise ? (Rép. 63 francs.)

279. Un individu fait partie d'une société de sept personnes : la première semaine, on a dépensé 77f,14 ; la deuxième, 63f,25 ; la troisième, 59f,80 ; la quatrième, 62f,50 ; pendant ce temps, l'individu a gagné 120 francs. Combien lui reste-t-il après avoir payé sa part dans les dépenses ? $\left(\text{Rép. } 82^f{,}47, \text{ à } \frac{1}{2} \text{ centime près.}\right)$

280. Un marchand a acheté 8 hectolitres de vin à raison de 32f,50 l'hectolitre. S'il retire de ce vin 284f,80, 1° combien gagnera-t-il en tout ? 2° Combien gagnera-t-il par hectolitre ?
(Rép. 1° 24f,80 ; 2° 3f,10.)

281. Un marchand a acheté 764 kilogr. de marchandise à 4 fr. le kilogramme ; 857 kilogr. à 9 francs le kilogramme ; 258 kilogr. à 7 francs le kilogramme, à la condition de solder en 63 payements égaux. Quelle est la valeur de chacun de ces payements ?
(Rép. Chaque payement sera de 199f,60, excepté le dernier qui sera de 199f,80.)

282. Un négociant a acheté 680 kilogr. de marchandise à 5 fr. le kilogr. ; il a payé 22 fr. pour le transport ; le tout doit être remboursé à raison de 860 fr. par mois. Calculez le nombre des payements. (Rép. Trois payements de 860, et un de 842 francs.)

283. Un hectolitre de houille coûte 4 fr. ; on brûle dans un calorifère pour 50 fr. de houille par jour, et le chauffage dure depuis le 15 novembre inclusivement jusqu'au 1er avril exclusivement ; ce calorifère chauffe 20 pièces. 1° Quelle sera la dépense totale ? 2° Quelle est la dépense moyenne pour une pièce ? 3° Combien faudra-t-il d'hectolitres de houille ?

$\left(\text{Rép. 1° 6850 fr. ; 2° } 342^f{,}50 \text{ ; 3° 1712 hectolitres } \frac{1}{2}.\right)$

(On suppose que l'année n'est pas bissextile.)

284. Un négociant a acheté 15 hectolitres de vin qui lui ont coûté 980 fr. d'achat, 78f,75 de droit d'entrée, et 33f,65 de transport ; il revend le litre 95 centimes. Combien gagne-t-il : 1° par litre ? 2° sur la totalité ? (Rép. 1° 22 cent. ; 2° 332f,60.)

285. Une marchande lingère veut faire des chemises en calicot, les vendre 4 francs pièce, et gagner 10 pour 100 sur la vente ; elle paye $1^f,25$ de façon ; chaque chemise exige $3^m,10$ de calicot. A quel prix doit-elle acheter l'étoffe?

(Rép. A 76 cent., à $\frac{1}{2}$ centime près.)

286. Un contre-maître gagne 7 fr. par jour et dépense journellement 4 fr. pour l'entretien de sa maison; il paye 250 fr. par an pour son loyer; 845 fr. sont employés à acheter des vêtements pour lui et sa famille. Fait-il des économies ? (Rép. Aucune.)

287. On veut confectionner une douzaine et demie de chemises; chacune exige $3^m,15$ de calicot à raison de 85 centimes le mètre; pour chacune on paye $1^f,75$ de façon et fournitures. Combien coûteront les 18 chemises? (Rép. $79^f,70$, à 1 centime près.)

288. Cinq enfants héritent de 30 750 fr.; ils ont à payer en commun 730 fr. de dettes, $120^f,80$ pour frais d'inhumation, et $99^f,20$ pour les honoraires du notaire; chacun reçoit en outre le prix de 534 litres de vin à 65 centimes le litre. Quelle est la somme d'argent qui revient à chaque héritier ? (Rép. $6307^f,10$.)

289. 42 ouvriers ont fait ensemble $1806^m,50$ d'ouvrage à raison de $1^f,52$ le mètre ; on leur a fourni, en déduction du prix de leur travail, $225^k,05$ de pain, à raison de 35 centimes le kilogramme, et 515 litres de vin à 65 centimes. Combien revient-il à chaque ouvrier ? (Rép. $65^f,53$.)

290. On a acheté 342 mètres d'étoffe à $3^f,50$ le mètre; puis 456 mètres d'une autre étoffe à $3^f,75$ le mètre ; on revend le tout à raison de 4 fr. le mètre. Quel est le bénéfice par mètre ?
(Rép. 36 centimes.)

291. Un commerçant achète 32 hectolitres de vin à 85 centimes le litre, 54 kilogr. de sucre à $1^f,40$ le kilogr., 7 kilogr. de poivre à $3^f,75$ le kilogr.; il revend le vin à raison de 95 centimes le litre, le sucre à raison de $1^f,80$ et le poivre à raison de 4 fr. le kilogr. Quel est son bénéfice ? (Rép. $343^f,35$.)

292. Un commerçant achète de l'huile à raison de $151^f,35$ les 100 kilogrammes; il donne 10 pour 100 au courtier et se réserve de gagner 8 pour 100. Combien doit-il vendre un kilogramme de cette huile ? (Rép. $1^f,80$.)

293. Une usine occupe 5000 ouvriers qui produisent 300 000 pièces d'étoffe par an; la paye mensuelle des ouvriers coûte au propriétaire 250 000 fr. 1° Quel est le prix moyen de la journée d'un ouvrier? 2° Quel est le prix moyen de la main-d'œuvre pour une pièce d'étoffe? (Rép. 1° $1^f,67$; 2° 10 francs.)

294. Un hectare de froment donne en moyenne 1863 litres de grain et 1770 kilogrammes de paille; le prix moyen du grain est de $20^f,62$ l'hectolitre, et la paille se vend $2^f,80$ les 100 kilogrammes. Quel est le produit d'un hectare de froment?
(Rép. $433^f,71$.)

295. Les feuilles de zinc employées pour couvrir les toits ont $1^m,95$ de long sur $0^m,48$ de large, et pèsent $6^k,070$ par mètre carré. Quel est le poids d'une de ces feuilles? (Rép. $5^k,682$.)

296. On estime qu'il faut dans une bergerie $2^{mq},25$ par brebis et $1^{mq},50$ par mouton; une bergerie doit contenir 125 moutons et 35 brebis. Quelle est la superficie de cette bergerie?
(Rép. $266^{mq},25$.)

297. Pour couvrir en ardoises un mètre carré de toit, il faut en moyenne 44 ardoises dont le poids est de $11^k,25$; le toit à recouvrir est de $532^{mq},20$. 1° Combien faudra-t-il employer d'ardoises? 2° Quel sera le poids supporté par la charpente?
(Rép. 1° 23 417; 2° $5987^k,25$.)

298. Pour éviter que les murs élevés ne surplombent, on leur donne une inclinaison de 2 millimètres par mètre de hauteur. Un mur de fortification a $25^m,45$ de hauteur. Quelle est la distance, dans le sens horizontal, entre la crête et le pied du mur?
(Rép. $50^{mm},90$.)

299. 1° Calculez la valeur d'un gramme d'argent pur. 2° Du résultat trouvé, concluez le prix d'un gramme d'or pur; 3° d'un kilogramme d'argent, et 4° d'un kilogramme d'or pur.
(Rép. 1° $0^f,22\frac{2}{9}$; 2° $3^f,44$; 3° $222^f,22$; 4° $3444^f,44$.)

300. Un convoi de voyageurs a une vitesse de 45 kilomètres à l'heure; il part d'Orléans à 11 heures 45 minutes du soir. A quelle heure arrive-t-il à Nantes, sachant que la distance à parcourir est de 305^k environ, et qu'on s'est arrêté 15 minutes en chemin?
(Rép. $6^h\ 48^m$ du matin.)

301. Un convoi de chemin de fer doit parcourir une distance de 537 kilomètres; il part avec une vitesse de 35 kilomètres par heure; au tiers de la route, il doit augmenter cette vitesse de 5 kilomètres. A quelle heure arrivera-t-il à sa destination, s'il part à 7^h10^m du matin ? (Rép. à 9^h 13^m 51^s du soir.)

302. On estime qu'en France il y a 240 000 ouvrières employées à faire de la dentelle ; la valeur de la production totale de cette industrie s'élève à 65 millions de francs par an ; d'autre part, la valeur de la matière première est environ les $\frac{17}{100}$ de la valeur totale. Quelle est le salaire moyen par jour d'une ouvrière en dentelle ? (Rép. 62^c, à 1 centime près.)

303. Un employé qui a joui d'un traitement moyen de 2400 fr., pendant les six dernières années de sa carrière, prend sa retraite après 32 ans de service. Quel sera le chiffre de sa retraite ?

Les agents des services sédentaires ont droit à la retraite après 60 ans d'âge et 30 ans de service. Cette retraite est égale à autant de soixantièmes du traitement moyen des six dernières années, que l'employé compte d'années de service, pourvu que le résultat ne dépasse pas les $\frac{2}{3}$ du traitement, lorsqu'il s'agit d'un traitement de 1000 à 2400 fr. ? (Rép. 1280 fr.)

304. $6^k,25$ d'argent coûtent 1064 fr. A combien revient le kilogramme ? (Rép. $170^f,24$.)

305. Une opération de commerce où l'on a mis 231 542 francs a donné 16 237 francs de bénéfice en un an. A quel taux l'argent a-t-il été placé ? (Rép. A $7^f,01$ pour 100 fr.)

306. 40 ouvriers ont fait 300 mètres d'ouvrage en 8 jours à raison de 7 heures de travail par jour. Au bout de combien de temps 51 ouvriers feraient-ils 459 mètres du même ouvrage en travaillant 6 heures par jour ? $\left(\text{Rép. 11 jours } 1^h \frac{1}{5}.\right)$

307. Partagez 120 francs entre deux personnes, de façon que la part de l'une soit les $\frac{2}{3}$ de la part de l'autre.

(Rép. 48 fr. pour la première et 72 fr. pour la deuxième.)

308. La somme de deux nombres est 168 ; leur rapport est celui de 7 à 5. Quels sont ces nombres? (Rép. 98 et 70.)

309. Un marchand a 6 décalitres de grain à 4 francs le décalitre ; 8 à 5 francs; 12 à 7 francs, et 14 à 9 francs. Quel est le prix d'un décalitre du mélange de ces grains de différentes qualités? (Rép. 6f,85.)

310. Quel est le nombre dont les $\frac{3}{4}$ des $\frac{8}{15}$ des $\frac{5}{7}$, diminués de 4, égalent 6 ? (Rép. 35.)

311. A un nombre on ajoute ses $\frac{2}{3}$; de la somme on retranche les $\frac{5}{8}$; au reste on ajoute les $\frac{2}{5}$; de la somme on soustrait les $\frac{4}{15}$; du reste on retranche encore les $\frac{5}{11}$, et il reste 42. Quel est ce nombre ? (Rép. 120.)

312. On a acheté en tout 387m $\frac{1}{8}$ de marchandise, savoir : 162m $\frac{5}{6}$ à un prix inconnu, et le reste à raison de 4f,60 le mètre ; on revend le tout à raison de 6f,55 le mètre, et on gagne 500 francs. Calculez le prix des 162m $\frac{5}{6}$. (Rép. 1003f,93.)

CHAPITRE II.

DEVOIRS ÉCRITS (MODÈLES).

(Le maître y joindra un sujet de théorie.)

313. Un ouvrier a fait les $\frac{3}{5}$ d'un ouvrage pour la somme de $44^f,15$. Combien cet ouvrage a-t-il coûté? (Rép. $73^f,58$.)

314. Un gazomètre renferme 28 000 mètres cubes de gaz d'éclairage. Combien, avec ce gaz, peut-on allumer de becs pendant trois heures, sachant qu'un bec brûle 125 litres de gaz par heure? $\left(\text{Rép. 74 666 becs } \frac{2}{3}.\right)$

315. Combien de centimètres cubes dans une masse d'or pur valant 1257 francs? A volume égal, l'or pèse 19 fois plus que l'eau et vaut 15 $\frac{1}{2}$ fois plus que l'argent. (Rép. $19^{cc},207$.)

316. En moyenne, 100 parties de lait de vache donnent 20 parties de crème, et la crème donne 21 pour 100 de beurre. Combien faut-il de litres de lait pour obtenir 540 kilogr. de beurre? Le litre de lait pèse 1030 grammes. (Rép. 12 483 litres.)

317. La bougie stéarique se vend dans le commerce en paquets de $\frac{1}{2}$ kilogr., contenant chacun cinq bougies; dans les fabriques de bougies, on retire de 100 kilogr. de suif, 45 kilogr. d'acide stéarique (matière des bougies). Combien pourra-t-on fabriquer de bougies avec 54 kilogr. de suif? (Rép. 243 bougies.)

318. A poids égal, la monnaie d'or vaut légalement 15 fois $\frac{1}{2}$ la monnaie d'argent; les frais de fabrication d'un kilogr. de monnaie d'or sont de $6^f,70$; ceux d'un kilogr. de monnaie d'argent sont de $1^f,50$. Quel est le rapport de la valeur de l'or pur à celle de l'argent pur? (Rép. 15,58.)

319. Un facteur rural fait par minute 120 pas de 70 centimètres chacun. Combien met-il de temps à faire sa tournée journalière, qui est de 26 kilomètres 880 mètres? On supposera que ses stations lui prennent en moyenne 1 heure 45 minutes. (Rép. $7^h 5^m$.)

320. 1° Une diligence fait 13 kilomètres 2 hectomètres en 70 minutes; 2° un bateau à vapeur file 12 nœuds $\frac{1}{2}$ à l'heure (le nœud est de 1854 mètres); 3° une locomotive parcourt 75 mètres en 6 secondes. Quelle est, par heure, la distance parcourue par chacun de ces véhicules? (Rép. 1° $11\,314^m$; 2° $23\,175^m$; 3° $45\,000^m$.)

321. Une institutrice a payé $26^f,60$ pour 5 rames $\frac{1}{2}$ de papier, non compris le port qui est de $1^f,25$; pour faire 25 cahiers elle a employé 338 demi-feuilles. A combien lui revient le cahier? Une rame se compose de 24 mains, et une main se compose de 25 feuilles. $\left(\text{Rép. } 4^c \frac{1}{2} \text{ environ.}\right)$

322. Un éditeur publie un livre; les frais d'impression et autres s'élèvent à 2000^f; il vend ce livre par douzaines, en faisant d'abord la remise de 25 p. 100 sur le prix fort, qui est de 4 francs, puis la remise du treizième (13 exemplaires pour 12); dans ces conditions, il gagne 5200 fr., lorsque l'édition est épuisée. A combien d'exemplaires l'ouvrage a-t-il été tiré?

(Rép. A 2600 exemplaires.)

323. Un terrassement, qui a coûté 3400 francs, a été exécuté par trois compagnies; la première, composée de 6 ouvriers, a travaillé pendant cinq jours; la seconde, de 5 ouvriers, a travaillé pendant 12 jours; enfin, la troisième, de 4 ouvriers, a travaillé pendant 30 jours. Combien revient-il à chaque compagnie?

(Rép. 1re compagnie : $485^f,71$; 2e compagnie : $971^f,43$; 3e compagnie : 1942,,86.)

324. Par quel nombre doit-on diviser 765 pour que le quotient soit 26 et le reste 11? (Rép. Par 29.)

325. L'eau de mer contient environ 2 $\frac{1}{2}$ pour 100 de son poids de sel. Combien en faut-il de litres pour obtenir un quintal de sel, sachant que 1 litre d'eau de mer pèse $1^k,0263$? (Rép. 3897 litres, à 1 litre près.)

CHAPITRE III.

SUJETS DE COMPOSITION (MODÈLES) *.

(Le maître joindra un sujet de théorie.)

326. Le roi David avait 1 070 000 hommes en état de porter les armes. Quelle était la population de son royaume, sachant que les $\frac{4}{25}$ de cette population pouvaient porter les armes? (Rép. 6 687 500 habitants.)

327. Un tapis a $8^m,92$ de longueur sur $6^m,75$ de largeur. Combien, pour le doubler, faudrait-il de mètres d'une étoffe qui a $1^m,20$ de large? (Rép. $50^m,175$.)

328. Un particulier a acheté une charge de pommes de terre; il en cède $\frac{1}{4}$ à une première personne, $\frac{1}{3}$ à une deuxième, $\frac{1}{6}$ à une troisième, et il lui en reste 2 hectolitres $\frac{1}{5}$. Combien avait-il acheté l'hectolitre de pommes de terre? $\left(\text{Rép. } 8\ \frac{4}{5}.\right)$

329. Une personne achète, pour la somme de 1950 francs, un pré qu'elle loue 60 francs par an; les contributions sont de $3^f,95$. Quel est le produit net pour 100^f du capital? (Rép. $2^f,87$.)

330. Une lampe brûle 38 grammes $\frac{7}{15}$ d'huile par heure; elle reste allumée pendant $3^h\ \frac{1}{2}$ par soirée. Quelle sera la dépense au bout de 30 jours, sachant que le kilogramme d'huile coûte $1^f,40$? (Rép. $5^f,65$.)

331. Trois personnes ont travaillé:

La première,	pendant	16	jours,	et 10	heures	par jour;
La deuxième,	»	18	»	8	»	»
La troisième,	»	17	»	9	»	»

---

* Proposés tant à Paris qu'en province. — Une heure est accordée pour cette épreuve.

On a payé en tout 400 francs. Combien revient-il à chacune? (Rép. 1° 140f,04; 2° 126f,04; 3° 133f,92.)

332. Trois ouvriers, travaillant séparément, feraient un ouvrage : le premier en 7 jours, le deuxième en 9 jours, et le troisième en 4 jours. Au bout de combien de jours ce travail sera-t-il fait si les ouvriers travaillent ensemble? (Rép. A très-peu près, 2 jours.)

333. Les frais d'une exploitation de ruches d'abeilles se sont élevés à 1300 francs; on a retiré : 1° 1250 kilogr. 47 décagrammes de miel ayant une valeur de 1f,40 le kilogramme; 2° 37 kilogr. 8 hectogrammes de cire à 3f,75 le kilogramme. Quel a été le bénéfice net de cette exploitation? (Rép. 592f,41.)

334. Un terrain de 3 hectares 15 centiares a été payé 27 000 francs. Combien doit-on revendre le mètre carré de ce terrain pour gagner 17 francs par are? (Rép. 1f,07.)

335. Une ouvrière a mis 16h $\frac{1}{2}$ à faire une tapisserie carrée dont chaque côté est de 15 centimètres. Combien mettra-t-elle de temps pour faire 1m.q.,025 de la même tapisserie? (Rép. 751h 40m.)

336. Le prix du pain est de 35 centimes le kilogramme; un boulanger s'est engagé à faire une réduction de 10 pour 100. A combien s'élève cette réduction par pain de 4k?
(Rép. A 14 centimes.)

337. Un commerçant a acheté de l'huile à raison de 2f,50 le kilogramme. A quel prix doit-il la revendre pour gagner 13 pour 100 du prix d'achat? (Rép. A 2f,82 et $\frac{1}{2}$ centime.)

338. Une femme tricote des bas de laine qu'elle vend au prix de 2f,80 la paire; la laine lui coûte 3f,20 le kilogramme, et 8 paires de bas pèsent 1 kilogramme 5 décagrammes. On demande ce que cette femme gagne par paire de bas, et ce qu'elle gagne par année, sachant qu'elle fait 5 bas par semaine? (1° 2f,38 par paire; 2° 309f,40 par an.)

339. Un épicier a trois espèces de café, savoir :

57k	à 1f,50	le kil.
18k	à 2f,00	»
63k,45	à 1f,45	»

Il les mélange, et veut gagner 20 francs sur le tout. Quel doit être le prix de vente du kilogramme du mélange? (Rép. $1^{f},69$.)

340. Un marchand avait une étoffe dont il a vendu 100 mètres pour la somme de 875 francs, et le reste à raison de $7^{f},25$ le mètre; la même étoffe lui avait coûté 1352 francs, et il l'avait achetée à raison de $6^{f},50$ le mètre. Combien ce marchand a-t-il vendu de mètres d'étoffe, et quel est son bénéfice? (Rép. 208 mètres ont été vendus, avec un bénéfice de 306 francs.)

341. On estime que toutes les mines de houille du monde ont produit, en 1853, 75 millions de tonnes de ce combustible; on sait que l'hectolitre de houille pèse environ 80 kilogrammes. Quel est, en mètres cubes, le volume de toute cette masse de houille?
(Rép. 93750000 mètres cubes.)

342. Une femme tricote cinq bas de laine par semaine; la laine lui coûte $8^{f},50$ le kilogramme, et six paires de bas pèsent 840 grammes. Combien doit-elle vendre les bas pour gagner $1^{f},75$ par paire? Dans ce cas, quel sera son gain par jour?
(Rép. 1° $2^{f},94$; 2° 73 centimes.)

343. Un épicier a reçu une caisse de chandelles du poids de $112^{k},036$, pour laquelle il a payé 146 francs; le poids de la caisse vide est de $6^{k},084$, et le transport a coûté $9^{f},40$. Combien faut-il vendre le kilogramme de chandelles pour gagner $10^{f},60$ sur le tout?
(Rép. $1^{f},57$.)

344. La distance de Paris à Lyon, par le chemin de fer, est de 50 myriamètres $\frac{7}{10}$; les trains de chemin de fer la parcourent en 10 heures. Quel sera le nombre de kilomètres parcourus au bout de $2^{h}\frac{3}{4}$? (Rép. $139^{km},425$.)

345. Quatre négociants sont réunis pour une entreprise: le premier apporte 50000 fr.; le deuxième, 25000 fr.; le troisième, 15000 fr.; le quatrième, 10000 fr. Le gain est de 48000 fr. Combien revient-il à chacun? (Rép. 1er 24000 francs; 2e 12000^{f}; 3e 7200^{f}; 4e 4800^{f}.)

346. Une personne a vendu au détail 650 mètres d'étoffe,

pour 16 250 fr.; elle a gagné 2f,50 par mètre. A quel prix avait-elle acheté primitivement chaque mètre de cette étoffe?
(Rép. A 22f,50.)

347. On a payé 333 000 fr. une mine de 18 000 mètres cubes de charbon; les frais d'extraction s'élèveront à 12 000 fr. 1° Combien faudra-t-il vendre l'hectolitre de charbon pour faire sur l'ensemble un bénéfice net de 6000 fr.? 2° Quel sera le bénéfice par hectolitre? (Rép. 1° On devra vendre à raison de 1f,95 l'hectolitre; 2° on gagnera 3c $\frac{1}{3}$ par hectolitre.)

348. Un commissionnaire en marchandises a acheté : 1° 17 mètres de drap à raison de 5f,25 le mètre; 2° 221 mètres de drap à raison de 8f,75 le mètre. Quel doit être le prix du mètre, pour qu'en revendant le tout, le marchand réalise un bénéfice de 210 fr. sur le prix d'achat? (Rép. 9f,38.)

349. Une ouvrière a fait en 11j $\frac{1}{2}$ une broderie de forme carrée, dont chaque côté a 85 centim. de longueur; le décimètre carré sera payé 27 centimes. 1° Combien recevra-t-elle pour la broderie entière? 2° Quel sera son salaire par jour? (Rép. 1° 19f,51; 2° 1f,70.)

350. Un courtier a acheté 66 mètres de drap; il gagnerait 8 fr. par mètre s'il revendait 15 mètres de ce drap pour 525 fr. Combien a-t-il dépensé en tout pour son achat? Combien chaque mètre lui a-t-il coûté? (Rép. Prix total : 1782 francs; prix du mètre : 27 fr.)

351. Un marchand a acheté 27 pièces de drap de 60 mètres chacune, à raison de 23f,75 le mètre; il a vendu le tout avec un bénéfice de 7 $\frac{1}{2}$ pour 100 du prix d'achat. Calculer le prix d'achat, le prix de vente et le bénéfice du marchand. (Rép. Prix d'achat : 38 475 fr.; prix de vente : 41 360f,62; bénéfice : 2885f,62.)

352. Une modiste a acheté 15m,40 de velours à raison de 19f,75 le mètre; les $\frac{4}{7}$ du prix d'achat ont été payés avec du drap à 12 fr. le mètre, et le reste en argent comptant. Calculer : 1° le nombre de mètres livrés par l'acheteur; 2° le montant de la somme en numéraire. (Rép. 1° 14m,48; 2° 130f,35.)

353. Une personne a acheté pour $342^m,45$ de marchandise à raison de $18^f,25$ le mètre; en la revendant, elle veut réaliser un bénéfice de 500 fr. sur le tout; les $\frac{7}{8}$ de l'achat ont déjà été vendus à raison de $19^f,40$ le mètre. Quel doit être le prix du mètre de ce qui reste encore à vendre? (Rép. $21^f,89$.)

354. Un ouvrier dépense $2^f,75$ par jour; il travaille 26 jours par mois, et au bout de l'année économise $198^f,35$. Combien gagne-t-il par jour? (Rép. $3^f,85$.)

355. Un œuf contient en moyenne 36 grammes de blanc, et le blanc renferme environ 12 pour 100 d'albumine. Combien faudra-t-il d'œufs pour obtenir 100 kilogr. d'albumine, en supposant qu'on en perde les $\frac{6}{100}$ dans l'opération? (Rép. 24 626 œufs.)

356. Une forêt dont la superficie est égale à celle d'un carré dont chaque côté est de 1 myriamètre 4 kilomètres 55 mètres de longueur, a été vendue à raison de 10 000 fr. l'hectare; les frais de la vente se sont élevés à 7 pour 100 du prix d'acquisition. Quelle est la somme totale payée par l'acheteur?
(Rép. 211 371 $036^f,75$.)

357. Le café vert vaut $3^f,60$ le kilogr.; brûlé, il a perdu $\frac{1}{5}$ de son poids. Quel doit être le prix du kilogramme de ce café brûlé, pour qu'en le vendant le marchand réalise un bénéfice de 20 pour 100 sur son prix d'achat? (Rép. $5^f,40$.)

358. On a deux espèces de lampes : l'une, en $9^h\frac{1}{4}$, a brûlé 275 grammes d'huile à $1^f,15$ le kilogramme; l'autre, en $6^h\frac{1}{2}$, a brûlé 195 grammes d'huile à $1^f,35$ le kilogramme. Quelle est la plus économique des deux lampes? De combien sera l'économie par séance de 10 h.? (Rép. La première; l'économie sera de $6^c\frac{1}{2}$ pour 10 h.)

359. Une personne a le choix entre deux étoffes pour se faire un tapis : la première a 78 centimètres de largeur et coûte $2^f,45$ le mètre; la deuxième a $1^m,12$ de largeur et coûte $3^f,25$ le mètre; il

faut 12^m,54 de la première pour faire le tapis. 1° Combien en faudra-t-il de la seconde? 2° Quelle est la différence des deux prix?
(Rép. 1° 8^m,733; 2° différence de prix : 2^f,34.)

360. On a acheté 18 litres de lait; pour savoir si le marchand y a mis de l'eau, on pèse ce liquide et l'on trouve 18^k,450 pour le poids. Calculer la quantité d'eau renfermée dans les 18 litres, sachant qu'un litre de lait pur pèse 1^k,03. (Rép. 3 litres.)

361. 225 feuilles de papier mises en presse donnent une épaisseur totale de 22 millimètres 3 dixièmes, et pèsent 1129 grammes. Combien faudra-t-il de feuilles de papier : 1° pour une épaisseur de 1 mètre ; 2° pour un poids de 10 kilogrammes?
(Rép. 1° 10 089; 2° 1993.)

362. Une personne achète dans un magasin 12^m,8 de mérinos à 4^f,25 le mètre; 65 mètres de calicot à 95 centimes le mètre, et 7^m,8 de drap; elle donne en payement un billet de 300 fr., et on lui rend 90^f,25. Combien a-t-elle payé le mètre de drap?
(Rép. 12 francs.)

363. Un ouvrier a fait $\frac{1}{3}$ d'un ouvrage le 1er jour; $\frac{1}{5}$ le second. En supposant qu'il fasse le reste en cinq jours, quelle partie en fera-t-il par jour? $\left(\text{Rép. Les } \frac{7}{75}.\right)$

364. Un bec de gaz consomme en moyenne 120 litres de gaz par heure. Combien coûtera le gaz destiné à l'éclairage d'une classe pendant 4 mois, d'après les données suivantes?

1° L'éclairage dure 2^h $\frac{1}{2}$ par soirée;
2° Il y a 22 jours de classe par mois;
3° Il y a 5 becs de gaz;
4° Le mètre cube de gaz vaut 40 centimes. (Rép. 52^f,80.)

365. 1° Quelle est la quantité d'argent pur qu'il faut ajouter à 80 grammes de cuivre pour obtenir de l'argent monnayé? 2° Quelle somme obtiendra-t-on? (Rép. 1° 404^g,848 d'argent; 2° 96^f,80 avec 0^g,848 d'argent monétaire de reste.)

366. On a semé 220 litres de blé dans un hectare de terrain; le rendement a été de 350 gerbes; 100 de ces gerbes ont donné 7 hectolitres de blé. Quel est le produit d'un litre de semence?
$\left(\text{Rép. 11 litres } \frac{3}{22} \text{ de blé.}\right)$

367. Une lampe brûle par heure 65 grammes d'huile à $1^f,15$ le kilogr.; une autre lampe ne brûle que 50 grammes par heure, mais elle exige de l'huile de première qualité à $1^f,45$ le kilogr. Quelle est celle des deux lampes qui présente le plus d'économie? De combien sera l'économie au bout de l'année, en supposant que chaque lampe brûle en moyenne pendant 6 heures par jour? (Rép. $4^f,93$ d'économie par an avec la seconde.)

368. Un baril plein d'huile d'olive pèse $24^k,58$; vide, il ne pèse que $7^k,657$. Quelle est sa capacité? On supposera qu'un litre d'huile d'olive pèse 915 grammes. (Rép. $18^{lit},495$.)

369. Un vigneron a vendu 1200 fr. les 40 pièces de vin provenant de sa récolte. Quelle somme aurait-il touchée s'il avait pu récolter 25 pièces de plus? (Rép. 1950 fr.)

370. Un commerçant a acheté deux pièces d'étoffe de la même qualité et au même prix; la 1re est de $85^m,75$; la 2e a $49^m,80$ de moins que la première, et a coûté $286^f,35$ de moins. Combien doit-il revendre le mètre de cette seconde étoffe pour gagner 15 pour 100 sur le prix d'achat? (Rép. $6^f,61$.)

371. Un commerçant a payé au chemin de fer de l'Est $17^f,40$ pour le transport de 750 kilogr. de marchandise à une distance de 21 kilomètres; le chemin de fer de Gray prend $1^f,25$ de plus par quintal et par kilomètre. Combien devrait-on payer pour $1^k,780$ transportés à $38^k\frac{1}{2}$ par cette deuxième ligne? (Rép. 93 centimes.)

372. Une personne veut revendre avec 500 francs de bénéfice $342^m,55$ de marchandise qu'elle a payée à raison de $18^f,25$ le mètre; les $\frac{7}{9}$ de l'achat ont été vendus $19^f,40$ le mètre. A combien le mètre faut-il vendre le reste de la marchandise? (Rép. à $20^f,79$.)

373. Une pièce d'étoffe de $48^m,55$ a coûté en tout 970 fr. Combien aurait-on de bénéfice par mètre, si $18^m,5$ étaient vendus $492^f,10$? (Rép. $6^f,62$.)

374. Une pièce d'étoffe de $53^m,20$ a été payée 266 fr.; une autre pièce de même qualité, mais d'un nombre moindre de mètres, n'a coûté que $237^f,50$. Combien de mètres dans cette dernière pièce? (Rép. $47^m,50$.)

375. Un tapissier veut couper un morceau de damas de $18^m \frac{7}{15}$ en parties de $\frac{7^m}{9}$ de long. Combien y aura-t-il de morceaux?

(Rép. 23 morceaux avec un reste de 578 millimètres environ.)

376. On a entendu le bruit du tonnerre $7^s \frac{2}{3}$ après l'apparition de l'éclair. A quelle distance est-on du nuage orageux, sachant que le son parcourt 340 mètres environ par seconde? (Rép. $2606^m,67$.)

377. Un négociant déclaré en faillite ne peut payer que 31 pour 100 à ses créanciers; avec 5000 fr. de plus il pourrait payer les $\frac{4}{7}$ de ce qu'il doit. Quel est son actif? Quel est son passif?

(Rép. L'actif est de $5928^f,96$; le passif est de $19125^f,68$; il y a donc un déficit de $13196^f,72$.)

378. Un négociant achète 24 barils d'huile d'olive contenant chacun 115 litres, à raison de 220 fr. les 100 kilogr. Combien gagnera-t-il sur son achat, s'il revend cette huile à raison de 2 fr. 50 le kilogr.? On supposera qu'il y a 5 litres de perte sur chaque baril. On sait d'ailleurs que l'hectolitre d'huile pèse $91^k \frac{1}{2}$.

(Rép. $483^f,12$.)

379. 4 ouvriers travaillant 7 heures par jour pendant 12 jours, ont fait $1713^m,60$ d'un ouvrage. 1° Combien en feront 5 ouvriers travaillant 9 heures par jour pendant 17 jours?

2° Si cet ouvrage a été payé à raison de 21 centimes le mètre, combien un de ces derniers ouvriers aura-t-il de reste à la fin de l'année s'il économise $\frac{1}{7}$ de ce qu'il gagne et s'il travaille 24 jours $\frac{1}{2}$ par mois? (Rép. 1° $3901^m,5$; 2° $404^f,84$ d'économie par an.)

380. 4 personnes se sont partagé une somme d'argent : la 1re a eu $\frac{1}{3}$ de cette somme; la 2e $\frac{1}{5}$; la 4e $\frac{1}{7}$; enfin la 4e, qui a eu le reste pour sa part, a touché $105^f,74$. Calculez : 1° la somme totale; 2° la part de chaque personne. (Rép. 1° $326^f,55$; 2° : 1re part : $108^f,85$; 2e part : $65^f,31$; 3e part : $46^f,65$; 4e part : $105^f,74$.)

381. Quelle est la somme en argent monnayé dont le poids est le même que celui de 2 litres $\frac{1}{2}$ d'eau pure ? (Rép. 500 francs.)

382. A 28 mètres au-dessous du sol, la température est constante et de 11°,7. 1° Quelle est la température de l'eau du puits de Grenelle, dont la profondeur est de 547 mètres ? On s'appuiera sur ce que la température augmente de 1° par 32m,8. 2° On traduira cette température en degrés Réaumur, sachant que 100° centigrades valent 80° Réaumur. (Rép. 1° 27°,5 ; 2° 22 degrés.)

383. Avec 28k $\frac{1}{2}$ de fil on a fabriqué une pièce de toile de 120 mètres de longueur sur 1m,25 de largeur. Quelle longueur de toile semblable à la première, mais ayant seulement 52 centimètres de largeur, pourra-t-on fabriquer avec 40 kilogr. de fil ?
(Rép. 404m,86.)

384. 14 ouvriers, travaillant à la tâche, ont tissé en 8 jours 254 mètres d'étoffe qui leur sont payés à raison de 3f,50 le mètre. 1° Combien chaque ouvrier a-t-il gagné par jour ? 2° Combien la même quantité d'étoffe, dont la façon serait payée le même prix, rapporterait-elle par jour et par homme à 10 ouvriers qui auraient tissé le tout en 8 jours ? (Rép. 1° 7f,93 $\frac{3}{4}$; 2° 11f,11 $\frac{1}{4}$.)

385. 3 ouvrières ont à faire : la 1re $\frac{1}{2}$, la 2e $\frac{1}{4}$, la 3e $\frac{1}{8}$ d'une tapisserie dont la surface est celle d'un carré ayant 2m,75 de côté ; leur travail doit être payé à raison de 65 centimes par décimètre carré. 1° Quelle est la somme due à chaque ouvrière ? 2° Quelle partie reste-t-il à faire de la tapisserie ? 3° Combien coûtera-t-elle ?
(Rép. 1° 1re ouvrière : 245f,78 $\frac{1}{8}$; 2e ouvrière : 122f,89 $\frac{1}{16}$; 3e ouvrière : 61f,44 $\frac{17}{32}$; 2° $\frac{1}{8}$ de l'ouvrage reste à faire ; 3° ce restant coûtera à faire 61f,44 $\frac{17}{32}$.)

386. Un bec de gaz a consommé 270 hectolitres de gaz en 86 heures pour la somme de 12f,15. Calculer : 1° la quantité de gaz consommée en une soirée de 5h $\frac{1}{2}$; 2° la dépense par heure ; 3° le prix d'un mètre cube de gaz. (Rép. 1° 1726lit,74 ; 2° 0f,14 ; 3° 0f,45.)

387. 18 ouvriers font 135 mètres d'ouvrage pendant que 24 autres ouvriers font 174 mètres d'un ouvrage semblable au premier. Quelle est la plus habile de ces deux compagnies d'ouvriers?

(Rép. Les ouvriers de la première troupe sont un peu plus habiles que ceux de le seconde.)

388. Un courrier a parcouru $595^k \frac{1}{2}$ en $22^h 45^m$. Calculez: 1° le chemin qu'il parcourrait par heure et avec la même vitesse; 2° le temps qu'il lui faudrait pour parcourir 100 lieues de 4 kilomètres chacune. (Rép. 1° $25^k,074$; 2° $15^h 57^m$ environ.)

389. $4^m,80$ d'étoffe ont été payés 18 fr.; on les revend 24 francs. Combien a-t-on gagné par mètre? Combien a-t-on gagné pour 100 sur le tout? (Rép. 1° $1^f,25$; 2° $33 \frac{1}{3}$ pour 100 sur le prix d'achat.)

390. Une famille consomme en moyenne par jour $3^k \frac{1}{2}$ de pain de méteil; le sac de farine pèse $162^k \frac{1}{2}$ et coûte 36 fr.; 100 kilogr. de farine produisent 125 kilogr. de pain; la cuisson pendant l'année emploie 200 fagots à $1^f,10$ chaque. Calculer :

1° La dépense totale de l'année;

2° Le poids de la farine nécessaire pour la fabrication d'un pain de 5 kilogr. ;

3° Le prix de ce pain. (Rép. 1° $446^f,41$; 2° 4 kilogr.; 3° $1^f,75$.)

391. Un marchand a acheté un tonneau d'huile à raison de $65^f,75$ l'hectolitre; les frais de transport ont été fixés à $15^f,25$ les 100 kil. La capacité du tonneau équivaut à celle d'un cube dont chaque côté aurait 75 centimètres de longueur; le poids du litre d'huile est les 0,91 de celui de l'eau, et le vase vide pèse 50 kilogrammes. Combien le marchand doit-il vendre le litre d'huile pour réaliser un bénéfice de 12 pour 100 sur le prix d'achat?

(Rép. 91 cent.)

392. Un marchand qui se retire des affaires avec une fortune de 125 000 fr., trouve qu'il a gagné 55 pour 100 de sa mise de fonds. Quelle était cette mise? (Rép. 80 $645^f,16$.)

393. Avec 154 kilogr. de blé on fait $166^k,32$ de pain. Cela posé, combien coûtera le kilogramme de pain d'après les données suivantes : 1° les 154 kilogr. de blé ont coûté 55f,44 ; 2° les frais de fabrication sont de 4f,80 pour 100 kilogr. de blé ? (Rép. 38 cent.)

394. Combien dépensera-t-on pour soufrer deux fois une vigne malade, d'après les données suivantes : 1° la contenance de cette vigne est de 5 hectares 9 ares 36 centiares ; 2° il faut 10 kil. de soufre et une journée de travail par hectare ; 3° le soufre coûte 37f,50 le quintal ; 4° le prix de la journée d'un ouvrier est de 2f,50 ? (Rép. 63f,67.)

395. Pour faire une chemise d'enfant, il faut 1m,90 de toile à 1f,55 le mètre, et la façon revient à 1f,85 ; un marchand de toile doit en faire confectionner 2 douzaines et demie ; il espère les revendre 8f,20 la pièce. A ce marché, combien gagnera-t-il ?
(Rép. 102f,15.)

396. Un père de famille qui gagne 3f,50 par jour veut économiser 250 fr. par an. Combien peut-il dépenser par jour, s'il se repose les dimanches et 8 jours de fête ? (Rép. 2f,23.)

397. De Paris au Havre il y a 228 kilomètres ; un convoi de chemin de fer part à 8h 25m du matin et arrive à 1h 10m. 1° Quelle est la vitesse de ce convoi ? 2° Combien coûte le transport par kilomètre, sachant que les voyageurs payent 25f,55 par place ? (Aspirantes, 1872.) (Rép. 1° 48k par heure ; 2° 11 centimes.)

398. Une fontaine coule dans un bassin qu'elle remplit en 7 heures et qu'un robinet vide en 12 heures. Au bout de 8 heures, la fontaine et le robinet coulant ensemble, quelle sera la hauteur de l'eau dans ce bassin supposé vide au commencement de l'écoulement ? On sait d'ailleurs que ce bassin a 7m,35 de profondeur. (Aspirantes, 1872.) (Rép. 3m,50.)

399. Un marchand vend des grains pour la somme de 2475 fr. et gagne 10 pour 100 sur le prix d'*achat*. 1° Combien a-t-il payé ces grains ? 2° Combien les aurait-il payés s'il avait gagné 10 pour 100 sur le prix de *vente* ? (Rép. 1° 2250f ; 2° 2227f,50.)

400. Une compagnie de chemin de fer prend 0f,097 pour le transport d'une tonne métrique de charbon à la distance de 1 kilomètre. Combien prendrait-elle pour le transport de 28 275 hectolitres de charbon à une distance de 15,3 myriamètres ? On sait que l'hectolitre de charbon pèse 82 kilogrammes. (Aspirantes, 1872.) (Rép. 34 409^{f},60.)

401. On a acheté un coupon de drap de 1^{m},70 pour un habit, 1^{m},15 pour un pantalon, 0^{m},60 pour un gilet. On a fait décatir ce coupon, ce qui l'a diminué de 15 millimètres par mètre. Quelle est sa longueur après le décatissage? (Rép. 3^{m},40.)

402. Il faut 1^{m},65 de drap décati pour faire un habit, et 1^{m},15 pour faire 1 pantalon; on voudrait faire 4 habits et 8 pantalons. Combien faut-il acheter de drap, sachant qu'il se raccourcit au décatissage de 16 millimètres par mètre? (Rép. 16^{m},06.)

403. On a acheté une pièce de drap de 73^{m},25 de longueur avec laquelle on voudrait faire autant de pantalons que d'habits. Combien pourra-t-on en confectionner, sachant que chaque habit exige 1^{m},70, et que chaque pantalon en exige 1^{m},18?
(Rép. 25 habits, 25 pantalons, et 1^{m},25 de reste.)

404. Un train de chemin de fer part à 9^{h} du matin, et parcourt 45^{k} par heure; un autre train part à 10^{h} 15^{m}, et parcourt 42^{k} par heure. A quelle distance seront-ils l'un de l'autre à midi?
(Rép. à 61^{k},50.)

405. Deux trains de chemin de fer partent au même instant, l'un de Paris pour Lyon, et l'autre de Lyon pour Paris; le premier a une vitesse de 925 mètres par minute, et l'autre une vitesse de 930 mètres dans le même temps; après 3 heures de marche, ils sont éloignés l'un de l'autre de 178 100 mètres. Quelle est la distance de Paris à Lyon? (Rép. 512^{k}.)

406. Une pièce de terre rectangulaire a 122^{m},20 de long sur 7^{m},40 de large; une vigne en occupe 5 ares $\frac{1}{2}$. Quelle est la superficie de l'autre partie de cette pièce de terre? (Rép. 3^{ares},54.)

407. Une pièce d'étoffe de 46 mètres, à 18^{f},50 le mètre, est donnée en échange d'un coupon de drap qui coûte 24 francs le mètre. Quelle est la mesure de ce coupon? (Aspirantes, 1865.)
(Rép. 35^{m},46.)

408. Pour ensemencer un hectare de terre, il faut en moyenne

304 litres $\frac{\text{–}}{3}$ de blé. Combien faudrait-il de mètres cubes de blé pour ensemencer 100 hectares? (Aspirantes, 1865.)

$\left(\text{Rép. } 30^{mc}\frac{7}{15}.\right)$

409. Pour faire une robe il faut 14 mètres d'étoffe à 80 centimètres de large. Combien en faudrait-il si la largeur n'était que de 65 centimètres? (Aspirantes, 1865.) (Rép. $17^{m},23$.)

410. Deux trains de chemin de fer partent en même temps, l'un de Bordeaux, l'autre de Paris, avec des vitesses différentes; le premier parcourt tout le chemin en 13 heures et le second en 17 heures. De quelle fraction de la distance à parcourir les deux trains se rapprochent-ils au bout d'une heure? (Aspirantes, 1869.)

$\left(\text{Rép. } \frac{30}{221}.\right)$

411. L'hectolitre de froment pèse 75 kilogrammes et vaut $21^{f},25$; quand on réduit le froment en farine, il perd environ $\frac{1}{5}$ de son poids. 1° Combien faudrait-il moudre d'hectolitres de froment pour obtenir 100 kilogrammes de farine? 2° Quel serait le prix de cette quantité de blé? (Aspirantes, 1871.)

$\left(\text{Rép. } 1^{\circ}\ 1^{h}\ \frac{2}{3};\ 2^{\circ}\ 35^{f},42.\right)$

412. Un homme en mourant laisse une pièce de terre qui a $18^{m},25$, depuis la route qui passe devant, jusqu'à la clôture servant à la limiter du côté opposé; la superficie totale est de 52 ares: il en donne le tiers à sa veuve, le tiers du reste à son fils aîné, et le surplus en parts égales à ses trois autres enfants. Le partage s'opère par des droites perpendiculaires à la route. Quelle sera la largeur de chaque portion?

(Rép. $94^{m},98$; $63^{m},32$; $42^{m},21$; $42^{m},21$; $42^{m},21$.)

413. Combien faut-il de briques de 21^{cm} de long sur 11^{cm} de large, pour paver une cour dont les dimensions sont de $5^{m},28$ et $2^{m},73$? (Rép. 624.)

414. Quel est le volume d'une pierre de taille qui a $2^{m},55$ de long sur $1^{m},44$ de large et 92 cent. de haut?,

(Rép. 3 mètres cubes 378 décimètres cubes 240 centimètres cubes.

415. Un tas de moellons de $1^m,50$ de large sur $1^m,20$ de haut occupe un volume de $13^{mc},18$. Quelle en est la longueur? (Rép. $7^m,32$.)

416. On forme une pile de bois de chauffage; les bûches ont $1^m,137$ de long; la pile a une longueur de $8^m,50$. Quelle doit être sa hauteur pour qu'elle contienne 24 stères de bois? (Rép. $2^m,483$.)

417. Les murs d'une maison ont une longueur développée de $45^m,53$; leurs hauteurs et leurs épaisseurs sont :

1°	Au-dessous du sol, hauteur..............	$5^m,15$
	Épaisseur..........................	0 ,60
2°	Au rez-de-chaussée et entre-sol, hauteur	$6^m,50$
	Épaisseur..........................	0 ,50
3°	Au-dessus de l'entre-sol, hauteur.........	$10^m,25$
	Épaisseur..........................	0 ,40

Quel est le volume de ces murs en mètres cubes? (Rép. $475^{mc},3332$.)

418. Une famille boit par jour : le père, $1^l,15$ de vin; le frère, $1^l,15$; la mère, $0^l,65$; chacun des 4 enfants, $0^l,35$. On a acheté une pièce de vin contenant $2^h\frac{3}{5}$. Pendant combien de jours durera-t-elle?
(Rép. Elle durera 59 jours, et il restera $3^l,35$.)

419. Chaque élève d'une pension boit $0^l,45$ de vin par jour; cette pension se compose de 72 élèves. Quelle est la consommation annuelle? Il y a dans l'année 50 dimanches ou jours de congé pendant lesquels la moitié des élèves est absente; et pendant 58 jours de vacances, il ne reste à l'institution que le sixième des élèves. (Rép. 9450 litres.)

420. Un réservoir rectangulaire a un fond de $4^m,8$ sur $2^m,25$. Quelle en doit être la profondeur pour qu'il puisse contenir 12 500 litres? (Rép. $1^m,157$.)

421. On a fait faire deux réservoirs cylindriques ayant chacun $1^m,50$ de diamètre et $3^m,20$ de hauteur; on demande combien ils contiennent de voies d'eau. La voie d'eau se compose de deux seaux ayant chacun $0^m,25$ de diamètre et autant de hauteur intérieure. (Rép. 460 voies, avec 20 litres environ de plus.)

422. Un tas de charbon a une longueur de 13^m,25, une largeur moyenne de 4^m,30, et une hauteur de 1^m,45. Combien contient-il d'hectolitres de charbon ? (Rép. 826^h,1375.)

423. On voudrait creuser dans un terrain convenable un silo, ou fosse à contenir le blé. On lui donne 1^m,35 de large et on doit y renfermer le blé sur 1^m,15 de hauteur. Quelle longueur faut-il lui donner pour qu'il contienne 2500 hectolitres de blé?
(Rép. 161^m,03.)

424. On fait un panier à fond carré; on veut qu'il ait 1^m,20 de profondeur et qu'il contienne 100 décalitres d'avoine. Quelle doit être la largeur de ce fond? (Rép. 913 millimètres.)

425. Quels sont les poids qu'exige une pesée de 13^k,270?
(Rép. 10^k, 2^k, 1^k, 200^g, 50^g. 20^g.)

426. On a pesé un fromage; pour lui faire équilibre, on a employé le poids de 2 kilogr. et les 5 poids différents qui suivent dans la série des poids en usage. Quel est le poids de ce fromage?
(Rép. 3 kilogr. et 850 grammes.)

427. Une famille consomme par jour : le père, 0^k,750 de pain; la mère, 0^k,510; chacun des trois enfants, 0^k,212.
Combien faut-il acheter de farine pour la provision du mois d'août, sachant que 100 kilogr. de farine font 133 kilogr. de pain?
(Rép. 44^k,19.)

428. Un panier d'œufs pèse 10^k,25; le panier vide pèse 0^k,815. On choisit 10 œufs parmi les gros, les petits et les moyens; ils pèsent ensemble 510 gr. Combien y a-t-il d'œufs dans le panier?
(Rép. 185.)

429. Dans un litre en fer-blanc, destiné à mesurer le lait et ayant par conséquent 108^{mm},4 de profondeur, on verse de l'eau jusqu'à une hauteur de 60 millimètres; puis on y met un morceau de plomb pesant 2^k,7, ce qui fait monter l'eau à une hauteur de 86 millimètres. Quelle est la densité de ce morceau de plomb?
(Rép. 11,26.)

430. Quelle est la composition d'un sac d'argent de 555^f,70, qui contient la plus grande partie possible en pièces de 20 fr., et l'appoint en pièces d'argent le moins nombreuses possible?
(Rép. 27 pièces de 20 fr.; 3 pièces de 5 fr.; une pièce de 50 centimes et une de 20 centimes.)

431. On a acheté 25 paires de bas à $2^f,15$ la paire; 13 chemises à $3^f,25$ a pièce, et 24 mouchoirs à 65 centimes la pièce. On donne en payement deux billets, l'un de 100 fr., l'autre de 50 fr. De quelles pièces se composera ce que doit rendre le marchand, en employant le moins de pièces possible?

(Rép. Une pièce de 20 fr.; une de 10 fr.; une de 5 fr.; une de 2 fr.; une de 1 fr., et deux de 20 centimes.)

432. On veut envoyer une somme de 45 francs par la poste; le port coûte 1 franc pour 100 francs; plus le timbre du mandat, 25 centimes; plus le port de la lettre, 25 centimes*. Combien doit-on remettre au bureau de poste? (Rép. $45^f,95$.)

433. Un employé a un traitement de 2400 francs; il dépense pour son loyer 300 francs par an; pour sa nourriture, 2 francs 10 centimes par jour; pour son entretien, 412 francs par an; pour son chauffage, son éclairage et pour frais divers, 188 francs par an. Combien lui reste-t-il? (Rép. $733^f,50$.)

434. Un sac de monnaie pèse 969 gr.; il y a pour $53^f,80$ d'argent, et le reste est en or. Quelle est la valeur de la somme totale? (Rép. $2223^f,80$.)

435. Un vase plein d'eau pèse 3 kilogr.; plein d'huile, il pèse $2^k,80875$; le litre d'huile pèse 915 gr. 1° quel est le poids du vase vide? 2° Quelle est sa capacité? 3° Combien contient-il d'huile?

(Rép. 1° Le vase vide pèse 750 gr. 2° Sa capacité est de $2^l,25$. 3° Il contient $2^k,05875$ d'huile.)

436. Un morceau de fer de $2^k,30$ a 65 centimètres de longueur sur 3 centimètres de largeur. Quelle est son épaisseur? On sait que la densité du fer est de 7,788.

(Rép. 15 millimètres, à 1 millimètre près.)

437. L'hectolitre de blé pèse 75 kilogrammes et se paye $18^f,50$. Quel est le prix de 1000 kilogrammes? (Rép. $246^f,67$.)

438. L'hectolitre de houille pèse 82 kilogrammes. Combien coûtera la voie de 15 hectolitres, à raison de 42 francs les 1000 kilogrammes? (Rép. $51^f,66$.)

---

* Loi du 23 août 1871.

439. Une somme de 6980 francs se compose de monnaie d'or et de monnaie d'argent; la valeur de la première est triple de la valeur de la seconde. Quelle est la composition de cette somme en or et en argent? (Rép. 1745 francs en argent et 5235 francs en or.)

440. Combien pèse et combien vaut la série des pièces de monnaie en usage, depuis celle de 20 francs jusqu'à celle de 5 cent. ? (Rép. 1° 69g,7875; 2° 43f,85.)

441. La vigne en France occupe 9 250 000 hectares; chaque hectare produit 5h,2 de vin. On en exporte 2 millions; on en distille 9 500 000 pour en extraire l'eau-de-vie. Combien en reste-t-il pour être consommé en nature? (Rép. 36 600 000 hectolitres.)

442. Quel est le poids d'un lingot moitié or et moitié cuivre, valant 3200 fr. (sans tenir compte de la retenue et des frais d'affinage)? (Rép. 1858g,064.)

443. Le litre d'alcool pèse 794 grammes; un vase plein d'alcool pèse 5k,25; vide, il pèse 0k,412. Combien le vase contient-il de litres? (Rép. 6l,09.)

444. Un vase vide pèse 1k,32; plein d'eau, il pèse 5k,374; plein d'un autre liquide, il pèse 4k,817. Quel est le poids d'un litre de cet autre liquide? (Rép. 862g,6.)

445. Une pièce de terre a 500 mètres de long sur une largeur moyenne de 43 mètres; on la vend 38 fr. l'are. Quel est le prix total? (Rép. 8170 fr.)

446. On a acheté une pièce de drap de 180 mètres à raison de 13f,25 le mètre; on la revend à raison de 18 fr. le mètre. Quel est le bénéfice total? (Rép. 855 fr.)

447. Un litre d'eau de mer pèse 1026 grammes; un réservoir contient 3500 kilogrammes d'eau pure. Combien le même réservoir contiendrait-il d'eau de mer? (Rép. 3591 kilogrammes.)

448. Le litre d'huile pèse 915 grammes et coûte 1f,30 le kilogramme. Quel est le prix d'un baril d'huile de 136 litres de capacité? (Rép. 161f,77.)

449 Un lingot pesant 7k,25, contient 6k,50 d'argent; on en

coupe un morceau pesant 4 kilogrammes. Combien pourra-t-on fabriquer de francs avec l'argent contenu dans ce morceau?
(Rép. On en pourra faire 858, et il restera $4^{g},05$ d'argent pur.)

450. On achète du bois à raison de $13^{f},50$ le stère; on en brûle 45 décimètres cubes par jour. Quel sera le prix du chauffage pendant le mois de janvier? (Rép. $18^{f},83$.)

451. Un marchand achète une pièce de vin contenant 245 litres pour 130 fr.; il paye $2^{f},50$ par hectolitre pour droit d'octroi; $3^{f},50$ pour transport et encavage; il y a 7 litres de perdus (lie, etc.); il veut gagner 20 fr. pour 100 fr. Combien doit-il vendre le litre?
(Rép. 70 centimes.)

452. Une terre produit 17 litres $\frac{1}{2}$ de blé par are; la récolte totale est de $185^{h},7$. Quelle est la superficie de cette terre?
(Rép. 10 hectares 61 ares et 14 centiares.)

453. La houille pèse 80 kilogrammes par hectolitre, et produit à la distillation 230 litres de gaz par kilogramme. Combien faut-il d'hectolitres de houille pour fabriquer 245 000 mètres cubes de gaz? (Rép. $13\,315^{h},21$.)

454. On achète 16 hectolitres de vin à 53 fr. l'hectolitre; on y ajoute 3 hectolitres d'eau; en vendant le mélange, on veut gagner 25 pour 100. Combien doit-on vendre le litre?
(Rép. 56 centimes.)

455. Un particulier boit, depuis l'âge de 25 ans, 2 litres d'eau-de-vie par semaine, à 1 fr. le litre. On demande : 1° la somme qu'il posséderait à 60 ans s'il n'avait pas bu cette liqueur forte; 2° la quantité de pain qu'il aurait par an pour la même somme, à raison de 45 cent. le kilogramme.
(Rép. 1° Il aurait à 60 ans 3650 fr. d'économie, et plus de 7300 fr. avec les intérêts. 2° Il pourrait avoir 231 kilogrammes de pain par an.)

456. Un lingot d'or de 1348 grammes contient 145 grammes de cuivre. On demande : 1° combien de grammes d'or pur il faut y ajouter pour le mettre au titre légal des monnaies françaises, et 2° combien de pièces de 20 fr. l'on pourra fabriquer avec ce nouveau lingot. 3° On demande aussi de trouver le titre du lingot primitif.
(Rép. 1° 102; 2° 224 avec $5^{g},2$ d'or monétaire de reste; 3° 0,892.)

457. La coupe d'un are de taillis produit 45 stères 6 décistères de bois. Que produira la coupe de 75 mètres carrés?
(Rép. 34 stères et 2 décistères.)

458. Quel est, en décistères, le volume d'une poutre qui a coûté 81 fr., à raison de 135 fr. le mètre cube? (Rép. 6.)

459. Au moyen d'une machine, on fabrique 1500 briques par heure. Quel est le poids des briques que l'on peut obtenir par jour avec cette machine, sachant que les dimensions de ces briques sont $0^m,25$, $0^m,14$, $0^m,06$, et que le mètre cube de briques pèse 2170 kilogrammes? (Rép. 82 026 kilogrammes en 12 heures.)

460. Calculer le volume qu'occuperaient 30 kilogrammes d'or, sachant que la densité de ce métal précieux est 19,26.
(Rép. $1^{dc},56$.)

461. Un piéton est parti d'une ville à 6 heures du matin et marche depuis ce moment avec une vitesse de 5 kilomètres par heure. Deux heures plus tard un cavalier part de la même ville et parcourt la même route avec une vitesse de 11 kilomètres par heure. A quelle heure le cavalier rejoindra-t-il le piéton?
(Rép. A 9^h 40^m.)

462. On veut défoncer un champ de 1 hectare 12 ares pendant l'hiver, c'est-à-dire au moment où les ouvriers sont payés à $1^f,25$ par jour de 8 heures de travail : 1° quelle sera la différence par heure du prix de revient, si l'on attend au mois de mars et qu'on donne $1^f,75$ par jour de 9 heures de travail? — 2° S'il faut dans le premier cas 21 jours $\frac{1}{2}$ de travail à 6 ouvriers, combien leur faudra-t-il de jours de 9 heures? — 3° Faire connaître la différence du prix de revient de ce travail d'après les données précédentes.
(Rép. 1° $3^c\frac{59}{72}$; 2° $19^j\ 1^h$; 3° $39^f,42$.)

463. Un ouvrier s'est engagé à faire un certain ouvrage; le premier jour il en fait le quart, et le second la moitié du reste; puis le troisième le tiers du reste; il termine le quatrième jour, et reçoit 6 fr. pour le travail de cette journée. Combien a-t-il reçu pour chaque jour de travail? (Rép. 6 fr.; 9 fr.; 3 fr.; 6 fr.)

464. Un train de chemin de fer part de Paris à 11^h 38^m du

matin; sa vitesse moyenne est de 9525 mètres par 15 minutes; la distance de Paris à Versailles est de 18 kilomètres; Clamart est au tiers du chemin en partant de Paris; Bellevue est à la moitié. On demande à quelle heure le train arrivera à Versailles, et à quelles heures il aura passé à Clamart et à Bellevue.
(Rép. 1° A midi $6^m 21^s$; 2° à $11^h 47^m 27^s$; 3° à $11^h 52^m 10^s$.

465. On donne à des ouvriers, à titre de salaire, pour battre le froment, $\frac{1}{11}$ du grain battu; pour l'avoine $\frac{1}{18}$; pour le sarrasin $\frac{1}{25}$. Combien leur reviendra-t-il de litres par hectolitre de chacun de ces grains? (Rép. 1° $9^l \frac{1}{11}$; 2° $5^l \frac{5}{9}$; 3° 4 litres.)

466. Un épicier a acheté 58 kilogrammes de savon à raison de $112^f,50$ le quintal; il le revend en détail au kilogramme. 1° Quel doit en être le prix pour avoir un bénéfice de 19 0/0 sur le prix d'achat? 2° Quel sera son bénéfice total quand il aura tout vendu?
(Rép. 1° $1^f,34$; 2° $12^f,47$.)

467. Combien pèse un alliage d'or et de cuivre, au titre de 0,860, sachant qu'il y a 17 grammes d'or pur dans cet alliage?
(Rép. $19^g,767$.)

468. Calculer le volume occupé par une masse d'huile d'olive qui pèse $48^{kg},529$. On sait que la densité de ce liquide est 0,915.
(Rép. $53^{dc},04$.)

469. On a fondu 2 kilogrammes 25 décagrammes d'un métal du prix de $3^f,50$ le kilog., avec 5 kilogrammes 6 hectogrammes d'un autre métal du prix de $2^f,70$ le kilogr. Quel sera le prix d'un kilogramme de cet alliage, en supposant 2 pour 100 de déchet, sachant que la fabrication de cet alliage a coûté $2^f,75$?
(Rép. $3^f,35$.)

470. Deux trains partent de Marseille pour Paris, l'un à 8 heures du matin, avec une vitesse de 36 kilomètres par heure, l'autre à 11 heures, avec une vitesse de 48 kilomètres par heure. On demande : 1° à quelle heure ils se rencontreront; 2° à quelle distance de Paris.
La distance de Marseille à Paris est de 857 kilomètres.
(Septembre 1873.) (Rép. 1° à 8 heures du soir; 2° à 425 kilomètres de Paris.)

471. Une marchande d'œufs vend les $\frac{2}{3}$ des $\frac{6}{9}$ de ses œufs pour 1f,40, à 5 centimes pièce. 1° Combien en avait-elle? 2° Combien recevra-t-elle en tout? (21 octobre 1873.)

(Rép. 1° elle en avait 63; 2° elle recevra 3f,15.)

472. Une chambre a 6m,24 de longueur, 3m,18 de largeur, et 3m,20 de hauteur. On demande combien pèse l'air contenu dans cette chambre? Le litre d'air pèse 1gr,3. (24 octobre 1873.)

(Rép. 82k,547712.)

473. On a acheté 125 hectares à 17f,50 et 85 autres à 10 pour 100 plus cher. On vend le tout à 22f,50. Quel est le bénéfice pour 100? (30 octobre 1873.)

(Rép. 23f,57 pour 100 du prix d'achat.)

474. Une plaque de zinc a une densité de 7,2; elle pèse 2k,926. Quel est son volume? (28 novembre 1873.)

$\left(\text{Rép. } 406^{\text{cmc}}\frac{7}{18}, \text{ ou en décimales : } 406^{\text{cmc}},389.\right)$

475. La coupe d'un bois a produit 18 336f,50 par la vente du bois, sans compter les frais du travail ni la vente des fagots et autres produits.

Le stère a été vendu 8f,45, et chaque hectare a fourni 70 stères. Quelle est la superficie du bois? (20 mars 1874.)

(Rép. 31 hectares.)

TROISIÈME PARTIE

EXAMEN DU DEGRÉ SUPÉRIEUR.

PROGRAMME OFFICIEL.

ÉPREUVES ÉCRITES. — *Matières obligatoires.* Arithmétique appliquée; Dessin linéaire; Éléments d'histoire et de géographie ancienne, du moyen âge et des temps modernes; Histoire et géographie de la France; Notions générales de littérature ancienne; Littérature française, et spécialement littérature du dix-septième siècle.

Matières facultatives. — Dessin d'ornement; Langues vivantes.

ÉPREUVES ORALES. — *Matières obligatoires.* Arithmétique; Tenue des livres; Dessin linéaire; Notions de sciences physiques, d'histoire naturelle et d'hygiène applicables aux usages de la vie; Éléments d'histoire et de géographie ancienne, du moyen âge et des temps modernes; Histoire et géographie de la France; Notions générales de littérature ancienne; Littérature française, et spécialement littérature du dix-septième siècle; Chant.

Matières facultatives. — Langues vivantes.

Observations. — La Commission d'examen se réunit ordinairement aux mois d'avril et de novembre.

Les pièces à produire pour l'inscription sont:

1° L'acte de naissance légalisé;

2° Le brevet de deuxième ordre;

3° La déclaration que l'aspirante ne s'est présentée devant aucune Commission d'examen dans l'intervalle des quatre mois qui précèdent la session; la signature de cette déclaration, écrite par l'aspirante, devra être légalisée par le maire de la commune où elle réside;

4° La désignation des matières facultatives sur lesquelles l'aspirante désire être interrogée, et, s'il y a lieu, de la langue vivante sur laquelle doit porter l'épreuve.

(Ces deux pièces sont exemptes du droit de timbre.)

Aucune inscription ne sera reçue sans la production de toutes les pièces.

Les inscriptions sont reçues à la Préfecture de la Seine, de 11 heures à 3 heures (bureau de l'instruction publique).

CHAPITRE I.

EXAMENS ORAUX.

476. 1° Le côté d'un carré est les $\frac{2}{3}$ du côté d'un autre carré. Quel est le rapport du premier carré au second? 2° Au lieu de carrés, supposez qu'il s'agisse de cubes, quel sera leur rapport? $\left(\text{Rép. } 1° \frac{4}{9};\ 2° \frac{8}{27}.\right)$

477. Trouver une *quatrième proportionnelle* aux trois nombres : 1728; 322,5; 1511. $\left(\text{Rép. } 282 \frac{1}{1152}.\right)$

478. Trouver une *moyenne proportionnelle* entre les deux nombres : 3 et 27. (Rép. 9.)

479. On a payé $2748^f,75$ pour 57,7 mesures de marchandise. Combien payerait-on pour 279,17 mesures de cette marchandise? Employer une proportion pour résoudre ce problème. (Rép. 13 $299^f,28$.)

480. Une locomotive qui parcourt $48^k,17$ par heure, a mis $7^h\frac{1}{2}$ à parcourir une certaine distance. Combien mettrait-elle de temps à parcourir la même distance, si elle faisait $54^k,12$ par heure? (Rép. $6^h\ 40^m$.)

481. Il faut 17 mètres d'étoffe de $\frac{5^m}{6}$ de large pour un certain confectionnement. Combien faudra-t-il de mètres de $\frac{7^m}{9}$ de large pour le même confectionnement? (Rép. $18^m,214$.)

482. 50 ouvriers travaillant $5^h\frac{1}{2}$ par jour pendant 18 jours nt élevé un mur dont les dimensions sont les suivantes : hauteur,

3 mètres; longueur, 215 mètres; épaisseur, $0^m,50$. On demande combien il faudrait de jours à 33 ouvriers, travaillant 10 heures par jour, pour élever un mur de 4 mètres de hauteur, 210 mètres de longueur et $0^m,15$ d'épaisseur ? $\left(\text{Rép. } 5^j \frac{37}{43}, \text{ ou } 5^j\, 8^h\, 36^m.\right)$

483. On a emprunté 8500 fr., qu'on doit rendre en 25 payements égaux ; au bout d'un certain temps on a payé 4420 fr. Combien reste-t-il de payements à faire? (Rép. 12.)

484. Une pierre qui a 5 mètres de longueur, $1^m,20$ de largeur et $0^m,60$ d'épaisseur pèse 7320 kilogrammes. Quel est le poids d'une pierre de même espèce qui a $2^m,20$ de longueur, $0^m,95$ de largeur et $1^m,10$ de hauteur? (Rép. $4674^k,633$.)

485. Pour tapisser une chambre de 18 mètres de longueur sur 5 mètres de largeur et 4 mètres de hauteur, il faut employer 46 rouleaux de papier. Combien de rouleaux faudra-t-il pour tapisser une autre chambre de 5 mètres plus longue, de $8^m,25$ de hauteur et de même largeur? $\left(\text{Rép. } 115 \frac{1}{2}.\right)$

486. Le volant d'une machine à vapeur faisant 728 tours en $4^m \frac{1}{2}$ met en mouvement une filière qui donne 352 mètres de fil de fer en $1^h\, 40^m$. Calculez le temps qu'il faudrait pour passer à la filière 847 mètres du même fil si le volant avait une vitesse de 486 tours en $4^m \frac{1}{4}$. (Rép. $5^h\, 40^m$.)

487. Une fontaine fournit 95 litres d'eau en $2^h\, 8^m$. Combien en fournira-t-elle en $16^h\, 40^m$? (Rép. $742^l,187$.)

488. Avec $13^k,75$ de fil on a fabriqué une pièce de toile de 65 mètres de longueur sur $1^m,12$ de largeur. Combien faudra-t-il de kilogrammes de ce même fil pour fabriquer une pièce de toile de 41 mètres de longueur sur $1^m,24$ de largeur? (Rép. $9^k,602$.)

489. Il a fallu 76 heures à 25 ouvriers pour élever un mur de 18 mètres de longueur sur $4^m,30$ de hauteur et $0^m,45$ d'épaisseur. Combien 53 ouvriers emploieront-ils de temps pour élever un mur de 24 mètres de longueur sur $3^m,50$ de hauteur et $0^m,50$ d'épaisseur? (Rép. $43^h\, 14^m$.)

Calculs d'intérêts

490. Quel est l'intérêt de 4000 francs placés à 6 pour 100 par an pendant 50 jours? (Rép. $33^f,33$, à $\frac{1}{2}$ centime près.)

491. Calculer les intérêts de 6875 fr. pendant 30 jours à $4\frac{1}{2}$ pour 100. (Rép. $25^f,78$.)

492. Quels sont les intérêts de 750 fr. à 6 pour 100 au bout de $2^m\ 3^j$? (Rép. $7^f,87$.)

493. A 5 pour 100, que devient un capital de 600 fr. au bout de 8 ans? (Rép. 840 fr.)

494. Une somme de 30 080 fr. a rapporté 4512 fr. d'intérêt au bout de 3 ans. A quel taux a-t-elle été prêtée?
(Rép. A 5 pour 100.)

495. Une somme de 34 911 fr., placée à 5 pour 100, a rapporté $2327^f,40$ d'intérêt. Pendant combien de temps a-t-elle été placée?
(Rép. 1 an 4 mois.)

496. Une somme placée à 5 pour 100 a rapporté, en $3^a\ 5^m$, 2436 fr. Quelle est cette somme? (Rép. $14\,259^f,51$.)

497. Au bout de combien de temps un capital placé à 6 pour 100 (intérêts simples) sera-t-il doublé? (Rép. 16 ans 8 mois.)

498. A un capital on ajoute ses intérêts pendant $14^m\ 20^j$, et l'on a les $\frac{33}{31}$ de ce capital. A quel taux est-il placé?
(Rép. Au taux de $5^f,28$ pour 100.)

499. En 15 mois, un capital s'est accru de $\frac{1}{16}$ de sa valeur. A quel taux a-t-il été placé? (Rép. A 5 pour 100.)

500. Lequel est le plus avantageux, de placer 4000 francs de manière qu'ils rapportent $192^f,70$ pour un an, ou $72^f,50$ pour 5 mois? (Rép. Avec le second placement, il y a une perte de $7^f,79$, au bout de 5 mois.)

501. Une personne a le choix entre deux placements : 1° 5000 fr. à raison de 5 pour 100; 2° 3000 fr. à 7 pour 100 et 2000 fr. à $3\frac{1}{2}$ pour 100. Lequel est le plus avantageux? (Rép. Avec le premier, c'est 250 fr. de revenu; avec le second, c'est 280 fr.)

502. Les intérêts d'un capital pour $18^m \frac{1}{2}$ sont de $834^f,25$; les intérêts d'un autre capital sont de 1235 francs pour 24 mois. Quel est le rapport de ces deux capitaux? (Rép. 0,876.)

503. Quel serait le capital qui, placé d'abord pendant $3^a \frac{1}{2}$ à 4 pour 100, puis retiré et placé avec les intérêts échus dans une spéculation rapportant 8 pour 100, donnerait un revenu annuel de 2950 francs? (Rép. $32\,346^f,49$.)

504. Une somme inconnue vaut 26 000 francs au bout de 6 ans, capital et intérêts réunis ; la même somme vaut 30 000 francs au bout de 10 ans, capital et intérêts réunis. Trouver : 1° le capital ; 2° le taux d'intérêt. (Rép. 1° 20 000 fr. ; 2° 5 pour 100.)

505. Une personne qui doit 3000 francs paye 1000 francs par an à son créancier pendant trois années consécutives. Quel est le solde qui reste à payer au bout de la troisième année ; l'intérêt étant de 5 pour 100? (Rép. $320^f,37$.)

506. Un particulier place pendant un an, dans diverses entreprises :

450	francs à	6	pour 100,
270	»	$7 \frac{1}{2}$	»
540	»	$4 \frac{1}{2}$	»

Pendant combien de temps faudrait-il placer le même capital à 5 pour 100 pour avoir le même intérêt ? (Rép. 1^a 1^m 19^j.)

507. Une personne engage sa fortune dans une entreprise, et l'augmente ainsi de ses $\frac{5}{11}$; elle se trouve alors en possession d'une somme de 272 000 francs. Calculer : 1° sa fortune primitive ; 2° le taux du placement. On suppose que le spéculateur est resté engagé pendant trois ans dans l'entreprise.

(Rép. 1° 187 000 francs ; 2° $15^f,15 \frac{5}{33}$ pour 100.)

508. On achète 100 kilogrammes de marchandises qu'on espère revendre dans le courant de l'année ; le kilogramme coûte

5f,60, et pour en faire l'acquisition, l'acheteur a emprunnte de l'argent à 5 pour 100. A quel prix doit-il revendre le kilogramme pour réaliser un bénéfice de 8 pour 100 sur le prix d'achat ?
(Rép. 6f,33.)

509. Un particulier qui a mis des fonds dans une entreprise, reçoit 19 200 francs au bout de 5a 2m ; cette somme renferme le capital placé et le bénéfice que ce dernier a rapporté ; on sait d'ailleurs que le bénéfice est les $\frac{2}{5}$ du capital. Calculer : 1° le capital ; 2° le bénéfice ; 3° le taux du placement.
(Rép. 1° 13 714f,29 ; 2° 5485f,71 ; 3° 7f,74 pour 100.)

510. Un capitaliste a placé les $\frac{4}{5}$ de ses fonds à 4 pour 100 et $\frac{1}{5}$ à 5 pour 100 ; il retire en tout 2940 francs par an. Combien a-t-il placé en tout ? (Rép. 70 000 francs.)

511. Quelle est la somme qu'il faut placer, à 6 pour 100, pour avoir 4015f,50, capital et intérêt réunis, au bout de 2a 8m ?
(Rép. 3461f,64.)

Escompte en dedans.

512. Une somme de 2544 francs n'est exigible que dans un an. Que vaut-elle argent comptant, la retenue à lui faire subir étant de 6 pour 100 par an ? (Rép. 2400 francs.)

513. Une somme de 3552 francs n'est remboursable que dans 8 ans. Quel serait son escompte au taux de 6 pour 100 par an ?
(Rép. 1152 francs.)

Escompte en dehors.

514. Quelle est la valeur actuelle d'un billet de 2500 fr. payable dans 3 mois $\frac{1}{2}$, le taux de l'escompte étant 5 pour 100 en dehors ? (Rép. 2463f,54.)

Comparaison des deux escomptes.

515. Que vaut, argent comptant, une somme de 100 francs

exigible dans un an, à raison de 5 p. 100 d'escompte : 1° en dehors, 2° en dedans ? (Rép. 1° 95 francs ; 2° 95f,24.)

Problèmes divers sur les escomptes.

516. Combien a-t-on acheté une marchandise qu'on revend 840 francs avec un bénéfice de 20 pour 100, 1° en dehors ? 2° en dedans? (Rép. 1° 672 fr.; 2° 700 fr.)

517. Un billet de 1500 francs n'est payable que dans trois mois. Quel sera l'escompte si l'on veut être payé immédiatement? On suppose que le taux d'escompte est de 5 pour 100 en dehors. (Rép. 75 francs.)

518. Un billet de 849f,30 souscrit à l'ordre d'un particulier n'est remboursable que dans 28 mois. Combien vaudrait-il argent comptant, si dans ces conditions on trouvait à le faire escompter, le taux étant de 6 pour 100 en dehors ? (Rép. 730f,40.)

519. Quel est l'escompte : 1° en dehors, 2° en dedans, d'une somme de 318 fr. exigible dans 17 jours, le taux d'escompte étant de 6 pour 100 par an ? (Rép. 1° 0f,901; 2° 0f,898.)

520. Sur un billet de 412f,75 payable dans 3 mois, un banquier a remis 401f,15. Quel a été le taux de l'escompte ?
(Rép. En dehors : 11,24 pour 100; en dedans : 11,57 pour 100.)

521. Quel est le montant d'un billet qui, payable dans 28 mois, vaudrait actuellement 730f,40, le taux d'escompte étant de 6 pour 100 par an? Ne considérez que l'escompte en dehors.
(Rép. 849f,30.)

522. Au bout de combien de temps un billet de 849f,30 est-il payable, sachant que sa valeur actuelle est de 730f,40 le taux d'escompte étant de 6 pour 100 par an ? Ne considérez que l'escompte en dehors. (Rép. 2a 4m.)

523. Sur une somme de 648 fr. remboursable dans un an on a retenu 28f,26. Quel est le taux d'escompte en dehors?
(Rép. 4f,36.)

524. A quelle époque était payable un billet de 387f,35 qui a subi un escompte en dehors de 4f,42 au taux de 6 pour 100 par an?
(Rép. A 68 jours.)

525. Un billet payable dans 48 jours a subi un escompte en dehors de $7^{f},50$, au taux de 6 pour 100 par an. Quelle est la valeur nominale de cet effet de commerce ? (Rép. $937^{f},50$.)

526. Un effet de commerce de 450 fr. a subi un escompte en dehors de $12^{f},20$, au taux de $3\frac{1}{2}$ p. 100. Quand aura lieu l'échéance? (Rép. dans 279 jours.)

527. Un billet de 500 fr. souscrit le 4 avril 1864 est immédiatement escompté à 7 pour 100 en dehors. Combien vaut-il argent comptant, sachant que l'échéance est fixée au 2 juillet suivant? (Rép. $491^{f},35$.)

528. Quelle est la valeur actuelle d'un billet payable dans 3 mois et 6 jours, sachant qu'il a subi une retenue de $7^{f},45$ à raison de 6 pour 100 par an? Ne considérez que l'escompte en dehors. (Rép. $456^{f},12$.)

529. Une personne achète une machine pour la somme de 15620 fr. payable par cinquièmes à la fin de chaque trimestre. Mais au bout de 2 mois elle solde la moitié de ce qu'elle doit, et l'autre moitié deux mois après. De quel escompte bénéficiera-t-elle à raison de 6 pour 100 en dehors? (Rép. de $468^{f},60$.)

530. Que vaut le 1er juin une créance de 2460 fr. payable 5 mois plus tard, déduction faite de l'intérêt à 6 pour 100 en dehors? (Rép. $2397^{f},27$.)

. Quelle est la valeur d'un billet de 3600 fr. payable le 25 décembre 1864, et présenté au banquier le 12 mai de la même année, le taux d'escompte étant de 4 pour 100 par an en deho (Rép. $3509^{f},20$.)

532. Un négociant a trois billets en portefeuille :

1er	602 francs	payables dans	17	jours,
2^{e}	870	» »	142	»
3^{e}	968	» »	212	»

Quelle somme ces billets représentent-ils actuellement, au taux d'escompte en dehors de $4\frac{1}{2}$ pour 100 par an? (Rép. $2397^{f},63$.)

533. Le 1er juillet, un commerçant fait escompter à son banquier :

Un billet de	3450 francs	payable le	11	juillet,
»	2375	» »	31	»
»	2400	» »	5	août,
»	145^{f},20	»	25	»

Quelle somme touchera-t-il, en supposant que le taux d'escompte soit de $4\frac{1}{2}$ pour 100 par an en dehors? (Rép. 8345^{f},49.)

Rentes françaises.

534. A quel taux place-t-on son argent, quand on achète du $4\frac{1}{2}$, le cours de la rente étant de 98^{f},50? (Rép. 4^{f},56.)

535. Combien coûtent 175 fr. de rente 3 pour 100 au cours de 69^{f},80? (Rép. 4071^{f},66.)

536. Combien aura-t-on de rente 3 pour 100 pour 1570 fr., le cours de la rente étant de 69^{f},80? (Rép. 67^{f},47.)

537. Le $4\frac{1}{2}$ est à 94^{f},15; le 3 pour 100 est à 68^{f},60. Quel est le plus avantageux des deux achats? (Rép. Le 1er rapporte 4^{f},78 pour 100; le second 4^{f},37; le 1er a sur le 2e un avantage de 0^{f},41.)

538. On dit que le $4\frac{1}{2}$ est au pair quand 100 fr. rapportent 4^{f},50 de rente. Quel doit être le cours correspondant du 3 pour 100 pour qu'il soit indifférent d'acheter l'un ou l'autre? (Rép. 66^{f},66.)

539. Une personne achète du $4\frac{1}{2}$ au cours de 97^{f},50 pour la somme de 25000 fr.; forcée de retirer son capital, elle revend sa rente lorsque le cours est à 93^{f},10. Quelle est sa perte?
(Rép. 1128^{f},20.)

540. Le même jour, à la Bourse de Paris, le $4\frac{1}{2}$ valait 91^{f},50, et le 3 pour 100 valait 66^{f},60; un particulier qui veut acheter de la rente, demande quelle est celle qui rapporte le plus, et combien il aurait de cette rente pour un capital de 1000 fr. en achetant de l'une ou de l'autre. (Rép. Le $4\frac{1}{2}$ rapporte plus que le 3; en $4\frac{1}{2}$, 1000 fr. rapportent 49^{f},18; e 3 ur 100, ce n'est que 45^{f},04.)

541. Un rentier touche tous les trois mois 147 fr. de sa rente 3 pour 100. Combien l'a-t-il payée, sachant qu'elle a été achetée lorsqu'elle était au cours de 69f,80? (Rép. 13 680f,80.)

Partages proportionnels.

542. Partagez un nombre en parties proportionnelles aux fractions $\frac{2}{3}$, $\frac{3}{4}$, $\frac{5}{6}$. $\Big($Rép. Les trois parties demandées sont : 1° les $\frac{8}{27}$; 2° les $\frac{9}{27}$; 3° les $\frac{10}{27}$ du nombre à partager.$\Big)$

543. Partagez 651 en parties proportionnelles aux nombres 3, 7, 11. (Rép. 93; 217; 341.)

544. Partagez 360 en parties proportionnelles aux nombres 2, 3, 5, 8. (Rép. 40; 60; 100; 160.)

545. Partagez 1250 en parties proportionnelles aux nombres 9, 16, 10. $\Big($Rép. $321\frac{3}{7}$; $571\frac{3}{7}$; $357\frac{1}{7}$.$\Big)$

546. Partagez 71 en trois parties inversement proportionnelles aux nombres : 3, 5, 7. (Rép. 35; 21; 15.)

547. Distribuez 100 fr. entre trois personnes, de façon que la part de la première soit à celle de la seconde dans le rapport de 8 à 5, et que celle de la seconde soit à celle de la troisième dans le rapport de 7 à 4. (Rép. 50f,45; 31f,53; 18f,02.)

548. Partagez 96 en quatre parties dont la première soit à la deuxième comme 6 est à 5, la première à la troisième comme 5 est à 4, la première à la quatrième comme 4 est à 3.
(Rép. 28,374; 23,645; 22,700; 21,281.)

549. Partagez 931 en 4 parties telles que la première soit à la deuxième comme 1 est à $\frac{4}{3}$; que la deuxième soit à la troisième comme $\frac{3}{5}$ est à $\frac{1}{2}$, et que la troisième soit à la quatrième comme $\frac{1}{8}$ est à $\frac{1}{6}$. (Rép. 189; 252; 210; 280.)

550. Des ouvriers ont fait 225 mètres d'ouvrage en 15 jours;

d'autres ont fait 3420 mètres en 27 jours; le nombre total de ces ouvriers est de 748. Combien d'ouvriers dans chaque cas?

(Rép. 1° 79; 2° 669.)

Le calcul donne 79 ouvriers $\frac{1}{5}$; ce nombre n'étant pas admissible, on a adopté 79. Il ne faut pas en conclure que les nombres donnés ne résultent pas d'une expérience réelle; la très-petite inexactitude qui se manifeste par un résultat fractionnaire, provient de ce que les ouvriers, dans la pratique, ne sont jamais d'une habileté rigoureusement égale. Dans le problème actuel, en estimant la journée moyenne à 3 fr., les ouvriers de la première troupe devraient recevoir $\frac{3}{4}$ de centime de plus, et ceux de la seconde, $\frac{3}{8}$ e centime de moins.

551. Quatre personnes s'étant associées pour une entreprise : la première a mis 150 000 fr.; la deuxième 200 000 fr.; la troisième 75 000 fr.; la quatrième 175 000 fr.; elles ont gagné 96 000 fr. Quelle est la part de chacune?

(Rép. 24 000 fr.; 32 000 fr.; 12 000 fr.; 28 000 fr.)

552. Trois capitalistes ont fait un fonds commun de 200 000 fr. : le premier a mis $\frac{1}{4}$ de la somme, le second $\frac{1}{3}$, et le troisième les $\frac{5}{12}$. Quelle est la part de chacun dans le bénéfice qui est de 4 000 fr.? (Rép. 12 000 fr.; 16 000 fr.; 20 000 fr.)

553. Quatre négociants se sont associés et ont fourni :

Le 1er. . . .	12 000 francs pendant	2 ans;
Le 2e	11 200 francs »	1a $\frac{1}{2}$;
Le 3e	8 300 francs »	1a $\frac{3}{4}$;
Le 4e	7 250 francs »	7m 20 jours.

Le bénéfice réalisé est de 3840 fr. Combien revient-il à chacun?
(Rép. 1537f,10; 1075f,97; 930f,27; 296f,66.)

554. Cinq commerçants se sont associés à diverses époques : le premier a fourni 25 000 fr. pendant 1 an; le deuxième 48 000 fr. pendant 15 mois; le troisième 64 000 fr. pendant 9 mois; le quatrième 35 000 fr. pendant 8 mois; enfin le dernier 42 000 fr., qui n'ont été que 7 mois dans la société. On demande la part de chacun sur un bénéfice total de 21700 fr.

(Rép. 3000 fr.; 7200 fr.; 5760 fr.; 2800 fr.; 2940 fr.)

555. Trois associés ont apporté dans un commerce, le premier 15 860 fr., le deuxième 12340 fr., et le troisième 21 900 francs. Au bout d'un certain temps, la société est dissoute et on trouve un bénéfice de 60 329f,25. Quelle est la part qui revient à chacun?

(Rép. 19098f,24; 14859f,54; 26 371f,47.)

556. Les mises de cinq négociants qui ont formé une société sont 35000 fr., 42 000 fr., 36000 fr., 58 000 fr., 11 000 fr.; le bénéfice total, à la fin de la société, est de 71432 francs. Quelle est la part qui revient à chacun?

(Rép. 13 736f,92; 16 484f,31; 14 129f,41; 22 764f,04; 4317f,32.)

557. Partagez un legs de 64 000 francs entre trois personnes, de manière que la part de la seconde soit les $\frac{3}{4}$ de celle de la première, et que celle de la troisième soit les $\frac{4}{5}$ de celle de la seconde.

(Rép. 27 234f,04; 20425f,53; 16340f,43.)

558. Trois actions d'une société commerciale, l'une de 12000 fr., la seconde de 9500 fr., la troisième de 8800 fr., ont produit chacune le même bénéfice. La dernière a participé pendant 2 ans 8 mois aux bénéfices de la société. On demande pendant combien de temps chacune des deux premières a pris part à ces mêmes bénéfices? $\left(\text{Rép. } 1^a\ 11^m\frac{7}{15};\ 2^a\ 5^m\frac{61}{95}.\right)$

Mélanges et alliages.

559. On a mêlé

16	doubles	décalitres	de blé à	....	4f,50;
18	»	»	»	....	4f,70;
20	»	»	»	....	3f,60.

Quel est le prix du mélange? (Rép. 4f,23 le double décalitre.)

560. On a payé 96 litres d'eau-de-vie à 2f,70 le litre, et 625 litres de vin, avec un lingot d'argent pur du poids de 2k,09. Quel a été le prix de l'hectolitre de vin? (Rép. 32f,83.)

561. A quel prix revient le litre d'un mélange de 80 litres de vin à 50 centimes le litre, de 108 litres à 70 centimes et de 60 litres à 65 centimes. (Rép. A 62 centimes.)

562. Un marchand a mêlé des vins de différentes qualités :

250 litres à..........	60 centimes le litre ;		
180 »	75	»	»
200 »	80	»	»

Quel est le prix du litre du mélange? (Rép. 70 centimes.)

563. On mélange

45 kilogrammes de farine à...........	$57^f,50$ les 100 kil. ;	
63 » »	$54^f,50$	—
108 » »	46^f	—

Quel sera le prix de 100 kilogr. du mélange? $\left(\text{Rép. } 50^f,87\ \frac{1}{2}\right)$

564. Un marchand mêle deux espèces de vin :

225 litres à...................	72 centimes le litre ;		
62 »	46	»	»

Combien doit-il vendre le litre de ce mélange pour gagner 13 cent. par litre? (Rép. 79 centimes.)

565. On a deux espèces de vin : l'un à 80 centimes le litre, l'autre à 50 centimes le litre; on voudrait 228 litres de ces deux vins mélangés au prix de 75 centimes le litre. Combien doit-on prendre de litres de chaque espèce?
(Rép. 190 litres à 80 centimes, 38 litres à 50)

566. Dans quel rapport faut-il mélanger deux vins qui valent, l'un 45 centimes le litre, l'autre 33 centimes, pour former un mélange qui coûte 40 centimes le litre?
(Rép. Dans le rapport de 7 à 5.)

567. Combien faut-il mélanger de litres de vin à 85 centimes le litre, avec 369 litres de vin à $1^f,22$ le litre, pour obtenir un mélange au prix de 1 fr. le litre? $\left(\text{Rép. 541 litres } \frac{1}{5}.\right)$

568. On a du blé à 15 fr. et à 22 fr. l'hectolitre. On veut en faire 100 hectolitres au prix de 17 fr. l'hectolitre. Combien faut-il en prendre de chaque espèce? (Rép. $71^h,429$; $28^h,571$.)

569. On a deux espèces de liquides : l'hectolitre de la première espèce vaut 54 fr. ; celui de la seconde vaut 32 fr. Dans quel rapport faut-il les mêler pour que l'hectolitre du mélange vaille 48 fr. ? (Rép. Dans le rapport de 8 à 3.)

570. Avec du vin à 55 centimes, à 80 centimes et à 95 centimes le litre, faire du vin à 70 centimes le litre.

(Rép. On prendra 35 litres de la 1re espèce ; 15 litres de la 2e ; 15 litres de la 3e, ou d'autres quantités dont les rapports soient les mêmes.)

N. B. Le problème est indéterminé ; la solution qui précède suppose que la seconde et la troisième qualité doivent être prises en quantités égales.

571. Un marchand a du thé de trois qualités qu'il vend 36 fr., 24 fr. et 16 fr. le kilogramme; un acheteur lui demande une caisse de 100 kilogr. composée de deux qualités, de manière que le kilogramme du mélange coûte 20 fr. De combien de kilogrammes de chaque qualité le mélange doit-il être composé?

(Rép. Le problème admet deux solutions : 1° 50 kilogr. de la 2e espèce et 50 kilogr. de la 3e; 2° 20 kilogr. de la 1re espèce et 80 kilogr. de la 3e.)

572. L'alliage qu'on emploie pour la vaisselle d'étain s'obtient en fondant 92 kilogrammes d'étain avec 8 kilogrammes de plomb. Quel est le prix d'un kilogr. de cet alliage, sachant que l'étain et le plomb coûtent respectivement 2f,50 et 0f,90 le kilogr. ?

(Rép. 2f,37.)

573. On fait fondre ensemble :

13	kilogrammes	d'or à................	0,900
25	»	»	0,800
32	»	»	0,700

Quel est le titre de l'alliage ? (Rép. 0,773.)

574. Le souverain d'or d'Angleterre est une pièce monétaire au titre de 0,917 et du poids de 7gr,981. Quelle est sa valeur en francs ? (Rép. 25f,20.)

575. Un sac contient 3400 fr. en monnaie d'or, 849 fr. en monnaie d'argent, et 17f,42 en monnaie de bronze. Quel est le poids total des espèces métalliques contenues dans ce sac?

(Rép. 7083gr,774.)

576. Calculer le poids d'une pièce d'or de 20 fr.
(Rép. 6gr,4516.)

577. Combien de cuivre, combien d'argent fin dans 24 fr. en argent, en supposant que cette somme ne contienne pas de pièce de 5f? (Rép. 19g,8 de cuivre; 100g,2 d'argent.)

578. Quelle réduction de valeur subit une pièce de 20 fr. qui ne pèse plus que 6gr,357? (Rép. 30 centimes.)

579. Quelle est la valeur d'une pièce d'argenterie du poids de 843 grammes et au premier titre? Quelle est la valeur d'une autre pièce d'argenterie du poids de 912gr,20 et au second titre?
(Rép. 177f,97; 162f,17.)

580. Calculez les valeurs de trois pièces d'orfévrerie en or avec les données suivantes :

1er titre	poids de	49g,57
2e titre	»	85 ,68
3e titre	»	245 ,60

(Rép. 157f,08; 247f,90; 634f,47.)

581. On fond ensemble deux lingots d'or :

poids	17 gr.;	titre	0,815
—	43 —	—	0,924

Quel est le titre de l'alliage? (Rép. 0,893.)

582. La couronne anglaise est une monnaie d'argent; elle pèse 28gr,251 et vaut 5f,81. Calculez son titre. (Rép. 0,925.)

583. Combien faut-il ajouter de cuivre pur à 56 grammes d'or au titre de 0,945 pour avoir un lingot au titre de 0,900?
(Rép. 2gr,800.)

584. On fond ensemble 13 parties de cuivre et une d'étain. Combien y aura-t-il de cuivre et d'étain dans 0k,348 d'alliage?
(Rép. Cuivre, 323gr,14; étain, 24gr,86.)

585. Dans une année, on a retiré des mines d'or de Russie 29 000 kilogrammes d'or pur. 1° Quelle en est la valeur? 2° Avec cette quantité d'or, combien fabriquerait-on de pièces de 20 fr.?

(Rép. 1° 99 888 888f,89; 2° 4 994 444 pièces, et il restera $2^{g}\frac{18}{31}$ d'or pur.)

586. Les ferblantiers emploient pour faire leurs soudures un alliage composé de 7 parties de plomb pour une partie d'étain; le prix du plomb est de 50 centimes le kilogr.; celui de l'étain de 2f,10. Calculez combien il faudra de plomb et d'étain pour faire 1 kilogramme d'alliage. Quel sera le prix de cet alliage?

(Rép. Plomb, 875 gr.; étain, 125 gr.; prix, 70 centimes.)

587. Quelle est la valeur d'un lingot d'or du poids de 56k,250, au titre de 0,855? (Rép. 165 656f,25.)

588. Un lingot d'or du poids de 1k,55 vaut 3200 fr. Quel est son titre? (Rép. 0,599.)

589. On a deux lingots d'or aux titres de 905 et 965 millièmes. Combien faut-il prendre de grammes de chacun de ces lingots pour en faire un de 100 grammes au titre de 930 millièmes?

(Rép. 58g,33 sur le 1er et 41g,67 sur le second.)

590. On fait un alliage de deux lingots d'argent, l'un de 48 kilogr. au titre de 0,700, l'autre de 52 kilogr. au titre de 0,650. Combien faut-il ajouter d'argent pur pour que l'alliage soit au titre de 0,800? (Rép. 63 kilogr.)

591. On a deux lingots d'argent, le premier au titre de 0,950, le second au titre de 0,885. Quelle quantité faut-il prendre de chacun d'eux pour avoir un kilogramme d'argent au titre de 0,900?

(Rép. 230g,77 sur le 1er; 769g,23 sur le second.)

592. On a fondu 5 grammes d'argent au titre de 0,800 avec 7 autres grammes au titre de 0,900, et 12 autres grammes au titre de 0,950. Quel est le titre de cet alliage? (Rép. 0,904.)

593. On a 8k,250 d'argenterie au titre de 0,950. Combien de cuivre faut-il y ajouter pour obtenir un alliage propre à faire de la monnaie? (Rép. 1,136k,23.)

594. Combien faut-il ajouter d'argent pur à 162 grammes d'argent au titre de 0,750 pour obtenir un alliage au titre de 0,850? (Rép. 108 grammes.)

595. Combien faut-il fondre de grammes d'argent au premier titre avec de l'argent au second titre pour obtenir un kilogramme d'argent au titre monétaire ?

(Rép. $233^g\frac{1}{3}$ au premier titre, et $766^g\frac{2}{3}$ au second.)

CALCULS RELATIFS A LA CHIMIE ET A LA PHYSIQUE *.

596. L'eau résulte de la combinaison d'un volume d'oxygène avec deux volumes d'hydrogène.

La densité de l'oxygène, rapportée à celle de l'air, est 1,1056; celle de l'hydrogène est 0,0692.

Quelle est la composition de 100 parties d'eau, en poids?

(Rép. 88,9 d'oxygène; 11,1 d'hydrogène.)

597. A volume égal, combien le mercure pèse-t-il de fois plus que l'air? L'air pèse environ 770 fois moins que l'eau, qui elle-même pèse 13 fois $\frac{1}{2}$ moins que le mercure. (Rép. 10395.)

598. Le gaz acide chlorhydrique résulte de la combinaison du chlore avec l'hydrogène, à volumes égaux.

La densité du chlore est 2,4258 ; celle de l'hydrogène est 0,0692.

1° Quelle est la composition de 100 parties d'acide chlorhydrique, en poids ?

2° Quelle est la densité du gaz acide chlorhydrique, sachant que le chlore et l'hydrogène, en se combinant, ne changent pas de volume ? (Rép. 97,23 de chlore; 2,77 d'hydrogène; densité : 1,2475.)

599. Un bloc de glace a un volume de $6^{dc},30$. Quel est son poids, sachant que depuis $4^o,1$ jusqu'à 0° le volume de l'eau augmente de $\frac{1}{14}$? (Rép. $5^{kg},880$.)

600. Quel est le poids de 17 litres d'un liquide dont la densité est 0,78 ? (Rép. $13^k,26$.)

601. Un morceau de soufre pèse $7^g,67$; un égal volume d'eau pèse $3^g,78$. Quelle est la densité du soufre ? (Rép. 2,0291.)

602. Combien pèsent $4^l,37$ de mercure et combien coûtent-

---

* Les questions jugées trop difficiles pour être traitées au tableau seront données en devoir.

ils? La densité du mercure est 13,598 et ce métal coûte $12^{f},50$ le kilogramme.

(Rép. $4^{l},37$ de mercure pèsent $59^{kg},423$ et coûtent $742^{f},79$.)

603. Un morceau de laiton pèse $1^{g},625$; un égal volume d'eau pèse $0^{g},193$. Quelle est la densité du laiton? (Rép. 8,420.)

604. Un vase de fonte plein de mercure pèse $53^{k},318$; le vase vide pesait $5^{k},324$. Combien de litres de mercure contient-il, sachant que la densité de ce métal est 13,598 ?

(Rép. La capacité du vase est de $3^{l},53$.)

605. 1° Quelle est la règle pratique pour convertir des degrés centigrades en degrés Réaumur ? 2° Combien 84° C. valent-ils de degrés R. ? 3° Quelle est la règle pratique pour convertir des degrés R. en degrés C. ? 4° Combien 67°,2 R. valent-ils de degrés C. ?

(Rép. 1° Multiplier par $\frac{4}{5}$; 2° 67°,2 Réaumur; 3° multiplier par $\frac{5}{4}$; 4° 84° centigrades.)

606. Pour un échauffement de 1° C. une barre de fer s'allonge de $\frac{1}{84800}$ de sa longueur. De combien s'allongera une barre de fer de $4^{m},25$ portée de la température de 0° à celle de 60° ?

(Rép La barre s'allongera de 3 millimètres.)

607. Quel est le volume de 30 kilogr. d'or? La densité de l'or est 19,26. (Rép. 1 décimètre cube et 558 centimètres cubes.)

608. Lorsque la vitesse du vent est de $0^{m},5$ par seconde, elle est à peine sensible ; au contraire, lorsqu'elle est de 45 mètres, elle produit de grands désastres. Quel est le rapport de la première vitesse à la seconde? (Rép. $\frac{1}{90}$.)

609. La vitesse du son dans l'air à 0° est de 337^{m} par seconde; dans l'eau elle est de 1435 mètres par seconde. 1° Quel est le rapport de cette dernière vitesse à celle du son dans l'air? La vitesse du son dans l'argent est de 2660 mètres par seconde. 2° Quel est le rapport de cette vitesse à la précédente ; et 3° à l'antéprécédente?

(Rép. 1° $4\frac{1}{4}$; 2° $1\frac{17}{20}$; 3° $7\frac{9}{10}$; les trois vitesses sont entre elles comme les nombres: 20; 85; 158.)

610. Quel est le volume d'un corps qui pèse 35 kilogr. dans l'air et 30 kilogr. dans l'eau? Quelle est la densité de ce corps?
(Rép. 1° 5 décimètres cubes; 2° densité, 7)

611. Quel est le poids de l'air déplacé par 1563 kilogr. de cuivre dont la densité est 8,167 ? (Rép. 247^{gr},454.)

612. 1° Combien pèsent 10 litres de mercure? 2° 23 litres d'huile d'olive? 3° Quel est le volume d'une masse d'or du poids de 32 kilogrammes ? (Densités : 13,598 ; 0,915 ; 19,3.)
(Rép. 1° 135^{kg},980 ; 2° 21^{kg},045 ; 3° 1^{dc},658031.)

613. 1° Quel est le poids d'un bloc cubique de fonte de 60 centimètres de côté ? La densité de la fonte est 7, à une unité près. 2° Quel est le volume d'une masse de plomb qui pèse 275 kilogr.? La densité du plomb est 11.
(Rép. 1° 1512 kilogr.; 2° 25 décim. cubes.)

614. Combien pèsent 45 centimètres cubes de fer? La densité de ce métal est 7,788. (Rép. 350^{gr},46.)

615. On fait un alliage de 2^{k},15 de cuivre et de 1^{k},25 de zinc. Quel sera le poids d'un centimètre cube de cet alliage? La densité du cuivre est 8,8 ; celle du zinc est 7,2. (Rép. 8^{g},135.)

616. A poids égal, l'or vaut 15 fois $\frac{1}{2}$ l'argent ; à volume égal, combien de fois l'or vaut-il l'argent? La densité de l'or est 19,26 ; celle de l'argent 10,47. (Rép. 28,51.)

617. Un bloc d'or pur trouvé en Californie vaut 38916 dollars; le dollar vaut 5^{f},30. Calculez le poids et le volume de ce bloc, la densité de l'or étant 19,5. (Rép. 59880^{gr},426 ; 3070^{cmc},791.)

618. Un vase plein d'eau pèse 13^{k},25 ; rempli d'huile d'olive, il pèse 12^{k},40; la densité de l'huile d'olive est 0,915. 1° Quel est le poids du vase vide ? 2° Quelle est sa capacité ?
(Rép. 1° 3^{kg},25; 2° 10 litres.)

619. Un fragment de métal pèse 7^{gr},234 dans l'air, 4^{gr},523 dans l'eau, et 5^{gr},427 dans un autre liquide. 1° Quelle est la densité de ce métal? 2° Quelle est la densité du second liquide par rapport à l'eau? (Rép. 1° 2,668 ; 2° 0,666.)

620. Deux substances ont des densités exprimées par $\frac{4}{15}$ et $\frac{11}{10}$. Combien faut-il prendre de chacune pour avoir un mélange du poids de 125 kilogr. avec une densité exprimée par $\frac{5}{6}$?

(Rép. $12^k,8$ de la première et $112^k,2$ de la seconde.)

621. L'alliage qui sert à faire des cloches est composé de 80 parties de cuivre et de 20 parties d'étain; la densité du cuivre est de 8,85; celle de l'étain est de 7,291. Quelle est la densité du métal de cloche? (Rép. 8,487.)

622. On a fait un alliage de $2^k,15$ de cuivre et de $1^k,25$ de zinc. Quel sera le poids d'un centimètre cube de cet alliage? La densité du cuivre est 8,8; celle du zinc est 7,2. (Rép. $8^{gr},135$.)

623. Quelle est en kilogrammes la pression de l'atmosphère terrestre sur 1 mètre carré de surface? Au niveau des mers, ce poids fait équilibre à une colonne d'eau de $10^m,33$.

(Rép. 10 330 kilogr.)

624. Quel sera le volume de 25 litres de gaz, sachant que la pression exercée sur ce gaz, d'abord de 754 millimètres, a été réduite à 428 millimètres? Servez-vous de la loi de Mariotte, d'après laquelle les volumes occupés par un même gaz varient en raison inverse des pressions qu'ils supportent. (Rép. 44 litres environ.)

CALCULS RELATIFS A LA COSMOGRAPHIE*.

625. Quelle est la longitude de Strasbourg, sachant qu'au même instant il est $4^h\ 5^m\ 15^s,3$ dans cette ville et $3^h\ 43^m\ 35^s,3$ à Paris?

(Rép. $5^0\ 25'$, orientale.)

626. Calculez l'aplatissement de la terre, sachant que le demi-axe équatorial est de 6 377 398 mètres, et que le demi-axe polaire n'est que de 6 356 080 mètres. (Rép. A très-peu près, $\frac{1}{299}$.)

627. 1° Quelle est la longueur du mille marin, sachant qu'il est la soixantième partie d'un degré? 2° Quelle est la longueur d'une

* Les questions jugées trop difficiles pour être traitées au tableau seront données en devoir.

lieue marine, sachant qu'elle est de 20 au degré? 3° Quelle est la longueur de la lieue géographique, sachant qu'elle est de 25 au degré? (Rép. 1° 1851^{m},851; 2° 5555^{m},555; 3° 4444^{m},444.)

628. On sait que pour qu'un objet soit vu sous un angle de 1″, il faut qu'il soit placé à une distance égale à 206 265 fois l'une de ses dimensions. D'après cela, quelle est la distance du soleil à la terre, sachant que, placé sur le premier astre, un observateur verrait le rayon du second sous un angle de 8″,57? Le rayon équatorial est d'environ 6377 kilomètres; quelle est en kilomètres la distance de la terre au soleil? (Rép. 1° 24 068 fois le rayon de la terre; 2° 153 481 636 kilomètres.)

629. 1° Combien faudrait-il de temps à un mobile pour aller de la terre au soleil à raison de 50 kilomètres par heure? 2° S'il y avait entre le soleil et la terre un véhicule du son tel que l'air atmosphérique, combien le son mettrait-il d'années pour franchir la distance qui nous sépare du soleil?

$\left(\text{Rép. } 1° \; 350^{a}\frac{1}{2}; \; 2° \; 14 \text{ ans environ.}\right)$

630. Le demi-diamètre apparent du soleil est de 16′, c'est-à-dire qu'un habitant de la terre voit le rayon du soleil sous un angle de 16′; d'autre part, un habitant du soleil verrait le rayon de la terre sous un angle de 8″,57. Combien le rayon du soleil contient-il de fois celui de la terre? (Rép. 112 fois.)

631. Quel est le rapport de la surface du soleil à celle de la terre? On sait que les surfaces de deux sphères sont proportionnelles aux carrés de leurs rayons. Dans quel rapport sont les volumes de ces deux astres? On sait que les volumes des sphères sont entre eux comme les cubes de leurs rayons, et que le rayon du soleil est de 112 rayons terrestres.

(Rép. $(112)^2 = 12\,544$; $(112)^3 = 1\,404\,928$.)

632. On sait que:

$$365^{\text{jours solaires}},242217 \text{ valent } 366^{\text{jours sidéraux}},242217;$$

d'après cela, calculez la valeur du jour solaire en jour sidéral. — Transformez la partie décimale du jour en minutes, secondes et fraction décimale de seconde.

(Rép. 1 jour sidéral $3^{m}\,56^{s}$,555, environ $1^{j}\,4^{m}$.)

633. Évaluez en minutes, secondes et millièmes de seconde l'expression :

$$\frac{360^{\circ}}{366,24.217}.$$

(Rép. 0° 58′ 58″,641.)

634. Faites l'addition suivante des superficies des cinq zones géographiques : la surface de la terre a été prise pour unité.

Zone glaciale..................	0,04 ;
Zone tempérée boréale.........	0,26 ;
Zone torride..................	0,40 ;
Zone tempérée australe.	0,26 ;
Zone glaciale australe..........	0,04.

(Rép. 1,00.)

635. Quelle est la valeur de x dans la proportion

$$\frac{x}{365,24\,22}=\frac{1\,296\,000}{1\,296\,000-50,2}?$$

Le résultat est la durée de l'année sidérale. (Rép. 365j,25637.)

636. Calculez, à 0,001 près, le quotient de la division de 359 600 par le cube de 112. Quelle est la fraction ordinaire qui exprime le quotient trouvé ?

(Rép. 0,256 ou environ $\frac{1}{4}$; c'est la densité du soleil, celle de la terre étant 1.)

637. Calculez, à 0,001 près, le quotient de la division de 365,25638 par 14,282. Quel est le nombre fractionnaire qui représente le quotient trouvé, durée de la rotation du soleil ?

(Rép. Environ 25j$\frac{1}{2}$.)

638. 1° Calculez en degrés, minutes et secondes, le quotient de la division de 360° par 27,321661.

2° Évaluez de même l'expression :

$$\frac{360^{\circ}}{365,25638}.$$

3° Quel est le rapport du premier nombre (vitesse angulaire de la lune) au second nombre (vitesse angulaire du soleil)?

(Rép. 1° 13°10′35″; 2° 0° 59′ 8″; 3° 13,37.)

639. La durée de la révolution synodique de la lune est de $29^j\ 12^h\ 44^m\ 2^s,9$; la durée de la révolution sidérale du même astre est de $27^j\ 7^h\ 43^m\ 11^s,476$. Quel est l'excès de l'une sur l'autre?

(Rép. $2^j\ 5^h\ 0^m\ 51^s,424$.)

640. Un observateur placé sur la lune verrait le rayon de la terre sous un angle de 57′. 1° Quelle est la distance des deux astres, le rayon de la terre étant pris pour unité?

En nombre rond, la distance de la terre au soleil est 24 000 rayons terrestres. 2° D'après cela, combien notre distance au soleil contient-elle de fois notre distance à la lune?

On se servira du nombre 206 265 indiqué au problème **628**.

(Rép. 1° 60,3; 2° 400 fois.)

641. Le rayon de la lune est environ les $\frac{3}{11}$ de celui de la terre. 1° D'après cela, quel est le rapport de la surface de la lune à celle de la terre? 2° Faites un calcul semblable pour la comparaison des volumes. $\left(\text{Rép. } 1^\circ\ \frac{1}{13};\ 2^\circ\ \frac{1}{50}.\right)$

642. 1° La planète la plus voisine du soleil est Mercure; la plus éloignée est Neptune. La première décrit son ellipse autour du soleil en $87^j,969$, et la seconde en 165 ans. — Calculez la différence.

2° La distance de Mercure au soleil est 0,38710; celle de Neptune est 30 (la distance de la terre au soleil étant prise pour unité). Quelle est la différence? (Rép. 1° $164^a\ 277^j,031$; 2° 29,61290.)

CHAPITRE II.

DEVOIRS ÉCRITS (MODÈLES).

(Le maître y joindra un sujet de théorie.)

643. La distance entre deux villes est de 47 milles géographiques. Quelle est cette distance en kilomètres, sachant qu'il y a 15 milles géographiques dans 1 degré du méridien?
(Rép. 348 kilomètres et 148 mètres.)

644. Combien faut-il de centilitres de mercure pour que leur poids soit égal à celui de 60 pièces de 20 francs? La densité du mercure est 13,6.
(Rép. 2 centilitres et 846 millièmes.)

645. La chaux vaut environ 24 fr. les 1000 kilogr.; sa densité est 1,3. Combien coûte 1 hectolitre de chaux? (Rép. $3^{f},12$.)

646. D'après Méchain et Delambre, le quart du méridien terrestre est de 5 130 740 toises. 1° Quelle est la valeur du mètre en toises? 2° Réciproquement quelle est la valeur de la toise en mètres?
(Rép. 1° le mètre vaut $0^{T},5130740$, ou $3^{p}0^{p}11^{l},296$; 2° la toise vaut $1^{m},949$.)

647. Un litre d'air pèse $1^{gr},293$; à volume égal, le mercure pèse 10 513 fois autant que l'air. Quelle est la densité du mercure?
(Rép. 13,593.)

648. Les décimes que l'on fabrique actuellement pèsent 10 gr.; ils renferment 0,95 de cuivre, 0,04 d'étain et 0,01 de zinc. Les densités respectives de ces trois métaux sont 8,85; 7,29; 7,19. Combien faudrait-il fondre de ces pièces pour obtenir une sphère de $0^{mc},0524$? (Rép. 45876,4.)

649. L'air est un mélange d'oxygène et d'azote; 1 mètre cube d'air renferme 209 décimètres cubes d'oxygène et 791 décimètres cubes d'azote; 1 litre d'air pèse $1^{gr},293$ et la densité de l'oxygène est 1,1056. 1° Quel est le poids de 1 litre d'azote? 2° Quelle est la densité de ce gaz? (Rép. 1° $1^{gr},257$; 2° 0,9721.)

650. Un marchand a acheté du vin à $1^f,20$ et à 84 centimes le litre; il mélange ces deux espèces de vin dans la proportion de 5 litres du premier vin pour 8 litres du second. Combien devra-t-il vendre le litre du mélange pour gagner 15 fr. par hectolitre? (Rép. $1^f,13$.)

651. Pour fondre 1 kilogramme de glace, il faut autant de chaleur que pour élever de 79° du thermomètre centigrade la température d'un kilogr. d'eau. Combien faudra-t-il de kilogr. d'eau à 72° pour fondre 8 kilogr. de glace? (Rép. $8^k\frac{7}{9}$, ou 8778^g.)

652. Un kilogramme de vapeur, en passant à l'état liquide à 100°, peut échauffer de 1 degré 535 kilogr. d'eau. Combien faudra-t-il de kilogrammes de vapeur pour porter de 15° à 38° la température de 227 litres d'eau? (Rép. $8^k,745$.)

653. Le pendule d'une horloge bat la seconde; par suite d'un changement de température, la durée de ses oscillations devient 1 seconde $\frac{7}{87300}$. Quel sera le retard de l'horloge en un jour? (Rép. 7 secondes.)

654. Un jour (aux approches du solstice d'été) le soleil s'est levé à $3^h\ 58^m$ du matin, et s'est couché à $8^h\ 5^m$ du soir. Quelle a été la durée du jour lumineux? (Rép. $16^h\ 7^m$.)

655. La densité du fer fondu est 7,708. Quel est, en centimètres cubes, le volume d'un boulet du poids de 24 kilogrammes? (Rép. 3114.)

656. On verse 2972 grammes de mercure dans un vase de 1 litre de capacité. Quel est le poids de l'eau pure nécessaire pour achever de remplir ce vase? On sait que le litre de mercure pèse $13^k,596$. (Rép. 781 grammes.)

657. Combien coûteront $9^l,45$ de mercure, sachant que ce métal a pour densité 13,59, et qu'il coûte $5^f,75$ le kilogramme? (Rép. $738^f,45$.)

658. La *lieue de poste*, ancienne mesure itinéraire française, valait 2000 *toises*. Comparez-la au kilomètre et à la nouvelle lieue de poste de 4 kilomètres. (Rép. 1° $3^k,898$; 2° 0,975.)

659. Un mètre vaut 39,37 079 pouces anglais; 12 pouces font un pied, et 5280 pieds font un mille anglais. Combien de milles anglais dans la circonférence du méridien terrestre?
(Rép. 24 855.)

660. Le thermomètre centigrade marque à Paris 25° au-dessus de zéro, tandis que le thermomètre Réaumur s'élève à Alger à 28°. Quelle est, 1° en degrés centigrades, 2° en degrés Réaumur, la différence de température entre ces deux villes?
(Rép. 1° 10° centigrades; 2° 8° Réaumur.)

661. Deux villes situées sur le même méridien sont à 1560 kilomètres l'une de l'autre. Combien de degrés, de minutes et de secondes de degré dans l'arc du méridien compris entre ces deux villes? (Rép. 14° 2′ 24″.)

662. A quel taux place-t-on son argent quand on achète de la rente 3 p. 100 au cours de 69f,90? (Rép. A 4,29 pour 100.)

663. Combien faut-il mêler de litres de vin à 80 et à 90 centimes le litre, pour que le mélange revienne à 87 centimes le litre?
(Rép. 0,3 et 0,7 de la quantité totale qu'on veut obtenir.)

664. Un train de chemin de fer part à 10 heures du matin de Paris pour Boulogne-sur-Mer, il met 7h 10m pour parcourir les 254 kilom. qui séparent ces deux villes; on veut qu'un second train partant de Paris 1h 20m après le premier rattrape celui-ci à Amiens, c'est-à-dire à 131 kilom. de Paris. Quelle doit être sa vitesse? (Rép. 55k,4 par heure.)

665. Quand il est midi à Paris, quelle heure est-il à Rome, à Jérusalem, à Pékin, à Londres, à New-York et à Mexico? Rome est à 10°, Jérusalem à 33°, et Pékin à 114° de longitude à l'est de Paris; Londres est à 2°25′, New-York à 76° et Mexico à 101° 25′ de longitude à l'ouest de Paris.
(Rép. A Rome, midi 40m; à Jérusalem, 2h 12m soir; à Pékin, 7h 36m soir; à Londres, 11h 50m 20s matin; à New-York, 6h 56m matin; à Mexico, 5h 14m 20s matin.)

CHAPITRE III.

SUJETS DE COMPOSITION (MODÈLES).

(Le maître y joindra un sujet de théorie.)

666. Une personne emprunte une certaine somme à $\frac{1}{2}$ pour 100; au bout de 5 mois et 17 jours, elle paye 14 839 fr. pour le capital et les intérêts réunis. Quel est le capital emprunté? (1872.)
(Rép. 14 530f,23.)

667. La monnaie de bronze se compose de 95 parties, en poids, de cuivre, de 4 parties d'étain et de 1 partie de zinc. La densité du cuivre est 8,85; celle de l'étain 7,29, et celle du zinc 7,19. Quelle est la densité de l'alliage? (1872.) (Rép. 8,75.)

668. Quelle est la valeur de 1 kil. d'argent pur? La Monnaie retient 1f,50 par kilogramme de métal monnayé, et compte toujours les espèces fabriquées comme si elles étaient au titre de 0,9. (1872.)
(Rép, 220f,56.)

669. La densité de l'aluminium est le quart de celle de l'argent, et ce métal coûte environ 350 fr. le kilogr. Quel est le rapport, à volume égal, de la valeur de l'aluminium à celle de l'argent? (1872.) (Rép. Environ $\frac{2}{5}$.)

670. Combien faut-il de grammes d'un lingot d'or au titre de 0,92, et de grammes d'un autre lingot au titre de 0,77, pour obtenir en les alliant 1 kilogr. au titre de 0,86? (1872.)
(Rép. Sur le premier, 600 gr.; sur le second, 400 gr.)

671. Trois fontaines coulent dans un bassin; la 1re et la 2e le remplissent en $\frac{12}{7}$ d'heure; la 2e et la 3e en $\frac{20}{9}$ d'heure; la 3e et la 1re en $\frac{15}{8}$ d'heure. Combien de temps chaque fontaine seule mettrait-elle à remplir le bassin?
(Rép. La 1re en 3 heures; la 2e en 4 heures; la 3e en 5 heures.)

672. Le *dollar* d'argent (États-Unis) pèse 26g,729 et son titre est 0,90; le *thaler* (Prusse) pèse 22g,273 et son titre est 0,75. On demande combien il faudra de dollars pour faire une somme équivalente à 5460 thalers ? (1872.) (Rép. $3791\frac{1}{2}$.)

673. Une tige cylindrique a 0m,52 de longueur et 0m,018 de diamètre; on fait argenter cette tige, et la couche d'argent qui la recouvre a une épaisseur uniforme de $\frac{1}{10}$ de millimètre. On demande : 1° l'augmentation du volume de cette tige; 2° le poids de l'argent déposé à sa surface, sachant que le centimètre cube d'argent pèse 10g,47. (1872.)

(Rép. 1° 2cmc,956; 2° 30g,949.)

674. Cinq personnes s'associent pour exploiter une industrie. La 1re apporte les $\frac{8}{21}$ de la mise de la seconde; la 3e les $\frac{7}{12}$ de celle de la 1re. La mise de cette première personne est les $\frac{4}{5}$ des mises réunies des deux derniers associés, lesquelles forment un total de 38 000 francs et sont l'une à l'autre dans le rapport de 5 à 9. 1° Quel est le capital total engagé dans l'opération ? 2° Quelle somme totale de bénéfices les associés auront-ils réalisée, lorsque, dans le partage proportionnel aux mises, celui qui a engagé la plus petite somme gagnera 4000 francs ? (1873.)

(Rép. 1° 165 933f,33 ; 2° 48 906f,66.)

675. On a fondu 16 000 fr. en pièces de 2 fr., de 1 fr., de 50 centimes et de 20 centimes à l'ancien titre; le déchet que leur a fait subir la circulation est de 0,0004 de leur valeur. Avec le métal fin tiré de la fonte, on fabrique des pièces divisionnaires d'argent au nouveau titre. On demande quelle somme on pourra fabriquer en pièces nouvelles. (1873.)

(Rép. 17 238f,60, avec un reste d'argent monétaire pesant 0g,05.)

QUATRIÈME PARTIE.

EXAMEN POUR LE BREVET D'INSTITUTEUR PRIMAIRE.

PROGRAMME OFFICIEL.

Épreuves écrites. — 1° Une page d'écriture à main posée, en gros, en moyen, en fin, dans les trois principaux genres : cursive, ronde et bâtarde ; 2° Dictée d'orthographe ; 3° Récit emprunté à l'Histoire de France ; Solution raisonnée d'un ou de plusieurs problèmes d'arithmétique, comprenant l'application des nombres entiers et l'usage des fractions.

Épreuves orales. — 1° Lecture du français dans un recueil de morceaux choisis en prose et en vers ; dans un manuscrit ; du latin, dans le psautier ou dans un livre d'offices ; 2° Questions sur le catéchisme et l'Histoire sainte ; 3° Analyse d'une phrase au tableau noir ; 4° Questions d'arithmétique et de système métrique ; 5° Questions d'histoire et de géographie de la France.

Des questions sur les procédés d'enseignement des diverses matières comprises dans le programme obligatoire seront en outre adressées aux candidats.

Observations. — La Commission d'examen se réunit ordinairement en avril et en octobre.

Les pièces à produire pour l'inscription, qui doit être faite un mois au moins avant l'ouverture de la session, sont :

1° L'acte de naissance légalisé, constatant que l'aspirant est âgé de dix-huit ans accomplis le jour de l'ouverture de la session (*aucune dispense d'âge n'est accordée*, décret du 2 mai 1870);

2° La déclaration que l'aspirant ne s'est présenté devant aucune Commission d'examen dans l'intervalle des quatre mois qui précèdent la session; cette déclaration, exempte des droits de timbre, doit être écrite et signée par l'aspirant, dont la signature sera légalisée par le maire de l'arrondissement ou de la commune où il réside.

Aucune inscription ne sera faite que sur la production de toutes les pièces.

L'inscription des aspirants est reçue à la Préfecture de la Seine, de 11 heures à 3 heures (bureau de l'Instruction publique, au Grand Luxembourg).

CHAPITRE I.

EXAMENS ORAUX.

NOTA. Cette quatrième partie est le complément des trois précédentes.

676. Quel est le nombre dont les $\frac{2}{3}$ diffèrent des $\frac{3}{4}$ du même nombre de 7 unités? (Rép. 84.)

677. Des $\frac{17}{12}$ d'un nombre on retranche les $\frac{2}{3}$ de ce nombre, et l'on obtient $\frac{9}{16}$. Quel est ce nombre? $\left(\text{Rép. } \frac{3}{4}.\right)$

678. Quel est le nombre qui surpasse ses $\frac{5}{7}$ de 5 unités? (Rép. 17,5.)

679. De 15 retranchez un nombre qui soit les $\frac{2}{3}$ du reste. (Rép. Le nombre à retrancher est 6.)

680. Après avoir multiplié un nombre par 2, avoir divisé le produit par 3 et multiplié le quotient par 5, on prend les $\frac{3}{8}$ du résultat, et l'on obtient 75. Quel est ce nombre? (Rép. 60.)

681. Trouvez un nombre tel que, si on en retranche 28, le reste multiplié par 7 donne 105. (Rép. 43.)

682. Quel est le nombre qui, étant diminué de 56, puis divisé par 55, donne pour quotient 2854? (Rép. 157 026.)

683. Quel est le nombre dont les $\frac{5}{9}$ et les $\frac{3}{4}$ ajoutés à deux fois ce nombre donnent 3213? (Rép. 972.)

684. Quelle est la fraction qui est égale au neuvième de cette même fraction renversée? $\left(\text{Rép. } \frac{1}{3}.\right)$

685. Trouvez deux nombres entiers consécutifs dont la somme soit 17 847. (Rép. 8923 et 8924.)

686. Une personne perd les $\frac{3}{4}$ de son argent et gagne ensuite les $\frac{3}{5}$ du reste ; elle a alors 60 fr. Combien avait-elle d'abord ?
(Rép. 150 francs.)

687. Trouvez un nombre tel que si l'on ajoute 12 à ses $\frac{2}{3}$ augmentés de ses $\frac{5}{8}$, on ait 136 pour résultat. (Rép. 96.)

688. Si aux $\frac{2}{3}$ d'un nombre on ajoute les $\frac{2}{15}$ de ce nombre, on obtient 40. Quel est ce nombre ? (Rép. 50.)

689. La différence de deux nombres est égale au produit de 524 par 11, et le plus grand des deux nombres est égal à 95 fois 125. Quels sont ces nombres?
(Rép. Le premier est 11 875 ; l'autre 6111.)

690. En divisant un nombre par 8674, on a trouvé 1034 pour quotient et 7627 pour reste; l'opération étant ainsi faite, on s'aperçoit qu'il fallait diviser par 8667 et non par 8674. On propose de trouver le vrai quotient sans recommencer l'opération.
(Rép. Le vrai quotient est 1035; le reste 6198.)

691. La différence $13\frac{20}{21}$ de deux nombres devient $32\frac{13}{21}$ quand on double le plus grand des deux. Quels sont ces nombres?
(Rép. $18\frac{2}{3}$; $4\frac{5}{7}$.)

692. Quand on monte les marches d'un escalier 2 par 2, il en reste une ; quand on les monte 3 par 3, il en reste 2 ; 4 par 4, il en reste 3 ; 5 par 5, il en reste 4. Quel est le plus petit nombre de marches que puisse avoir cet escalier? (Rép. 59.)

693. Trouvez un nombre tel que ses $\frac{15}{17}$ surpassent ses $\frac{3}{7}$ de $149\frac{13}{18}$. (Rép. $329\frac{917}{972}$.)

694. Trouvez un nombre tel que, si on en retranche 28, le sextuple du reste soit 105. $\left(\text{Rép. } 45\frac{1}{2}.\right)$

695. Quel est le rapport de 56 à un nombre dont les $\frac{6}{7}$ sont égaux à 72 ? $\left(\text{Rép. } \frac{2}{3}.\right)$

696. Quelle fraction faut-il prendre de 240 pour avoir 15 fois le nombre dont les $\frac{6}{5}$ valent les $\frac{2}{3}$ de 18 ? $\left(\text{Rép. } \frac{5}{8}.\right)$

697. Quelle fraction faut-il prendre de $\frac{15}{8}$ pour avoir $\frac{5}{12}$? $\left(\text{Rép. } \frac{2}{9}.\right)$

698. La moitié de la dépense d'une personne qui avait 50 fr., vaut les $\frac{3}{4}$ de ce qui lui reste. Quelle est cette dépense ? (Rép. 30 fr.)

699. $\frac{5}{6}$ de litre de vin coûtent $6^f\frac{2}{3}$. Combien payera-t-on pour le reste d'un tonneau qui contenait 245 litres $\frac{3}{4}$, dont on a tiré 148 litres $\frac{7}{8}$? (Rép. 775 fr.)

700. Partagez 720 en 4 parties telles que, si on les divise respectivement par 12, 9, 6 et 3, les quotients soient tous égaux entre eux ? (Rép. 288 ; 216 ; 144 ; 72.)

701. On prend le tiers d'une somme, puis les $\frac{3}{5}$ du reste, et il reste 29 fr. Quelle est cette somme ? (Rép. $108^f,75$.)

702. Partagez 79 en deux parties dont la première surpasse de 7 unités les $\frac{5}{13}$ de la seconde ? (Rép. 27 ; 52.)

703. Par quel nombre faut-il diviser $\frac{2}{9}$ pour que le quotient soit le tiers des $\frac{6}{5}$ de $28\frac{4}{7}$? $\left(\text{Rép. Par } \frac{7}{360}.\right)$

704. Combien faut-il ôter des $\frac{17}{24}$ de 864 pour avoir les $\frac{3}{5}$ de 75? (Rép. 567.)

705. En multipliant un nombre par 7 on l'augmente de 15852; si on l'ajoute aux $\frac{3}{4}$ d'un autre nombre, la somme sera 10484. Quel est ce dernier nombre? (Rép. 10 456.)

CHAPITRE II*.

DEVOIRS ÉCRITS (MODÈLES).

(Le maître y joindra un sujet de théorie.)

706. Chaque épi de maïs renferme 13 rangées de 35 grains chacune ; 100 épis produisent 6 kilogrammes de grain, et le poids de l'hectolitre de ce grain est de 78 kilogrammes. 1° Combien faut-il d'épis pour remplir un hectolitre? 2° Combien y a-t-il de grains par hectolitre? (Rép. 1° 1300 épis; 2° 591 500 grains.)

707. Le trèfle perd par la fenaison 66 pour 100 de son poids; après la fenaison, il subit dans les greniers ou dans les meules une perte de 12 pour 100 du poids restant. Une prairie artificielle a 23 ares d'étendue. Combien fournira-t-elle de foin sec, sachant qu'en moyenne on peut compter sur un rendement de 6500 kilogrammes de trèfle vert par hectare? (Rép. $447^{kg},304$.)

708. La betterave donne en sucre 7 pour 100 environ de son poids ; un mètre carré de terrain produit approximativement $3^{kil},125$ de betteraves, et 1000 kilogrammes de betteraves valent $16^{f},50$. Quelle superficie faut-il ensemencer pour fournir des betteraves à une fabrique qui doit produire annuellement 87 500 kilogrammes de sucre? Quelle est la valeur totale de la betterave récoltée? (Rép. 1° 400 000 mètres carrés; 2° 20 625 francs.)

709. Un cultivateur a vendu 500 fr. une récolte de paille d'avoine à raison de 28 francs les 1000 kilogrammes. Combien a-t-il récolté d'hectolitres d'avoine, sachant que pour 47 kilogrammes de paille il y a un hectolitre d'avoine? (Rép. 380 hectolitres.)

710. En France, il y a environ 200 000 kilomètres de cours d'eau dont le quart au moins devrait être curé chaque année ; on estime à 50 litres le volume de vase séchée à l'air que l'on peut

---

* On a fait une large part aux problèmes qui se rapportent à l'agriculture.

extraire par mètre courant du ruisseau, et à 750 kilogrammes le poids du mètre cube de vase desséchée.

1° Quel est en mètres cubes le volume de cet engrais que l'on pourrait retirer chaque année? 2° Quel est son poids? 3° Quelle est l'étendue du terrain que l'on pourrait fumer avec ces matières fertilisantes, sachant que l'on en répand environ 15 000 kilogrammes par hectare? (Rép. 1° 10 000 000 de mètres cubes; 2° 7 500 000 000 de kilogrammes; 3° 500 000 hectares.)

711. Un bœuf de travail coûte avec ses harnais 490 francs; la nourriture et les soins de toute espèce à donner à l'animal coûtent 310 francs par an; d'autre part, il produit 120 quintaux métriques de fumier valant $7^f,50$ le mètre cube, et il travaille environ 225 jours par an. Calculer le bénéfice annuel produit, sachant: 1° qu'il faut tenir compte de l'intérêt du prix d'achat à raison de 28 pour 100; 2° que le mètre cube de fumier pèse 750 kilogrammes; 3° que la journée d'un bœuf est évaluée à $1^f,55$. (Rép. $21^f,55$.)

712. Dans un moulin à bras, un homme et un enfant réunis peuvent moudre 14 kilogrammes de blé par heure; la journée de travail est de 9 heures; celle de l'homme vaut 4 fr.; celle de l'enfant $1^f,50$; la perte à la mouture est de $\frac{1}{2}$ pour 100, et on retire de 100 kilogrammes de blé, 75 kilogrammes de farine d'une valeur moyenne de 69 francs les 157 kilogrammes; le reste est du son valant $14^f,50$ les 100 kilogrammes; le blé coûte 24 francs les 100 kilogrammes. Calculer 1° le prix de la mouture et du blutage de 100 kilogrammes de blé; 2° le bénéfice, en comptant 1 franc par jour pour frais de réparation et intérêts de la valeur du moulin.

(Rép. 1° $5^f,16$ pour 100 kilogrammes; 2° $7^f,35$ sur 100 kilogrammes.)

713. Dans les magnaneries, on divise la vie du ver à soie en 5 âges; le 1er dure 5 jours; le 2e, 4 jours; le 3e, 7 jours; le 4e, 7 jours, et le 5e, 10 jours environ; la consommation en feuilles de mûrier est proportionnelle, pendant ces cinq âges, aux nombres 7, 21, 70, 240, 1450; on sait de plus que les vers provenant de 100 grammes de graine consomment environ 2750 kilogrammes de feuilles pendant toute la durée de leur existence. Pour chaque âge combien faudra-t-il de kilogrammes de feuilles par jour?

(Rép. 1° $2^k,153$; 2° $8^k,075$; 3° $15^k,380$; 4° $52^k,733$; 5° $223^k,015$.)

714. Un semeur peut ensemencer en blé environ 350 ares de terre par jour; un faucheur fauche en moyenne 60 ares par jour; une femme peut mettre en gerbes le blé de 50 ares par jour; il faut encore, pour râteler et retourner en cas d'accidents, une femme pour 50 ares; on admet qu'il faille, pour transporter la récolte d'un hectare à la ferme, les $\frac{4}{5}$ de la journée d'un char à quatre chevaux et du conducteur; enfin, pour la rentrée des récoltes, on compte qu'il faut pour 250 ares 1 journée d'homme et 7 de femmes; on compte la journée des hommes au prix uniforme de $1^f,75$, celle des femmes à 1 franc, et celle des chevaux à 3 francs. A combien reviennent l'ensemencement et la récolte d'un hectare de terrain semé en blé? (Rép. A $21^f,92$.)

715. Sur une prairie de 2 hectares, un cultivateur a fait jeter 100 voitures de boue des villes; chaque voiture lui coûte $0^f,75$; le transport à la prairie s'effectue par des voitures à 1 cheval, et 1 cheval peut faire 5 voyages par jour; la journée du cheval est fixée à 3 francs et celle du conducteur à 2 francs; il faut, de plus, 3 journées d'homme à 2 francs pour charger les voitures, et 5 journées d'homme à 2 francs pour l'épandage * sur la prairie. La prairie a rapporté 6000 kilogrammes de foin, et le foin vaut 62 francs les 1050 kilogrammes. Quel est le bénéfice du cultivateur? (Rép. 163^f, 29.)

716. Il faut, pour la nourriture d'un mouton, $0^{kil},85$ de foin et $0^{kil},75$ de paille hachée par jour; on peut réduire cette ration à $0^{kil},5$ de foin et $0^{kil},5$ de paille, pourvu qu'on arrose ces matières d'eau contenant $0^{kil},75$ de sel par 100 kilogrammes de fourrage. Calculer l'économie résultant de ce nouveau mode de nourriture, pour la nourriture d'un mouton pendant un an. Le foin coûte $0^f,35$ la botte de 6 kilogrammes; la paille coûte environ le quart, et le sel coûte $0^f,20$ le kilogramme. (Rép. $8^f,23$.)

717. Dans le département de la Gironde, le drainage coûte $0^f,2942$ par mètre courant de drain. Calculer le prix que coûterait le drainage d'une propriété de 50 hectares, en supposant que l'écartement des tuyaux soit en moyenne de 8 mètres, et que la ligne des drains collecteurs qui recueille l'eau s'écoulant des au-

* Terme d'agriculture. Action de répandre l'engrais sur le sol.

tres tuyaux soit de 1205 mètres. On suppose, en outre, que la propriété ait à peu près la forme d'un rectangle dont l'une des dimensions est de 1205 mètres, et que les rangées de tuyaux sont établies perpendiculairement à cette dimension.

(Rép. 18 665f,37.)

718. Un moule de bûches de chêne propre à faire des échalas a les dimensions suivantes :

Longueur........................ $1^m,30$,
Largeur.... .... $1^m,30$,
Hauteur........................ $1^m,55$;

il se vend à raison de $10^f,95$ le mètre cube; on peut fabriquer avec ce moule de bûches 2500 échalas, qui se vendent 20 francs le mille; la façon coûte d'ailleurs 4 francs le mille. Calculer le bénéfice du marchand. (Rép. $11^f,32$.)

719. On peut, au moyen de pressoirs ordinaires à cidre ou à vin, comprimer le foin de manière que 25 bottes de foin de 7 kilogrammes chacune forment une masse ayant $1^m,40$ de longueur et de largeur, et $0^m,40$ d'épaisseur; le foin ainsi comprimé se charge plus facilement. On demande 1° combien on pourra mettre de quintaux de foin sur une charrette de 6 mètres de longueur et de $1^m,40$ de largeur, en supposant qu'on charge jusqu'à $2^m,80$ de hauteur; on demande 2° combien il y aura de bottes de foin.

$\left(\text{Rép. 1° 52 quintaux } \frac{1}{2}\text{; 2° 750 bottes.}\right)$

720. Un cheval consomme environ $19^{kil},42$ de foin par jour; on veut remplacer un quart de cette ration par de la paille d'orge et un second quart par de l'avoine; on sait que 100 kilogrammes de foin équivalent, pour la nourriture d'un cheval, à 460 kilogrammes de paille d'orge et à 68 kilogrammes d'avoine. Combien devra-t-on donner de foin, de paille et d'avoine à ce cheval?

(Rép. 1° $9^k,710$ de foin; 2° $22^{kg},333$ de paille d'orge; 3° $3^k,301$ d'avoine.)

721. On a proposé, au lieu de semer le blé à la volée, comme cela se pratique généralement, de le faire semer grain à grain par des enfants; on a trouvé ainsi que pour ensemencer 6 ares à la volée, il faut 13 litres de grain, tandis que par l'autre méthode il n'en faut que 3; le rendement a été de 145 litres dans la pièce de terre semée à la volée, et de 210 litres dans l'autre. Calculer quelle serait l'économie résultant de l'emploi du nouveau procédé dans une terre d'un hectare, en comptant le prix du blé à 31f,50 l'hectolitre, et en négligeant d'ailleurs les prix de la main-d'œuvre de semence à la volée et des enfants planteurs.

(Rép. 1° 1250 litres par hectare ; 2° 393f,75 par hectare.)

722. Un cultivateur achète un monceau d'os bruts à raison de 4f,50 le mètre cube. Il fait marché, pour les broyer, avec un ouvrier, au prix de 1f,75 l'hectolitre mesuré après le broyage; par cette opération, le volume s'est accru de 15 pour 100. On demande à combien revient la fumure d'un hectare de terre, sachant qu'on emploie 36 hectolitres de cet engrais pour cette surface. (Rép. 77f,08.)

723. Le poids de la paille de froment est d'environ 167 kilogrammes par hectolitre de froment récolté ; l'hectolitre de froment pèse en moyenne 76 kilogrammes, et on en récolte en moyenne 19 hectolitres par hectare; dans une terre dont la contenance est inconnue, le poids total de la récolte en paille et en blé a été de 4860 kilogrammes. On demande : 1° combien on a récolté de kilogrammes de paille et combien d'hectolitres de blé; 2° la contenance de cette terre. (Rép. 1° 20 hectolitres de blé et 3340 kilogrammes de paille ; 2° 105ares,26.)

724. On récolte en moyenne dans un hectare de terrain 50 000 kilogrammes de carottes; les frais de culture s'élèvent à 280 francs d'autre part, dans un hectare de terrain, on récolte 12 000 kilogrammes de luzerne, et les frais de culture ne sont que de 80 fr.; on admet d'ailleurs que 280 kilogrammes de carottes équivalent pour la nourriture des bestiaux à 100 kilogrammes de luzerne; enfin la botte de luzerne de 6 kilogrammes vaut, en moyenne, 0f,35. Quelle est la plus avantageuse des deux cultures? Calculez la différence. (Rép. La culture en carottes donne un produit supérieur de 141f,67.)

725. Une machine à battre le blé est mise en mouvement par 4 chevaux et exige le travail de 5 ouvriers; le prix du travail des chevaux est évalué, pour chacun, à 0f,35 l'heure; le prix du travail du 1er ouvrier est évalué à 0f,30 l'heure, et celui des autres à 0f,15; la machine bat 100 gerbes de blé par heure, et chaque gerbe donne en moyenne 15 litres de blé. Calculer le prix de revient du battage d'un hectolitre de blé, en admettant qu'on doive compter dans les dépenses, 0f,75 par heure pour l'intérêt du capital de la machine et son entretien. $\left(\text{Rép. } 20^{c}\ \frac{1}{3} \text{ par hectolitre.}\right)$

726. Pour faire une prairie dans un terrain de 3 hectares, on veut semer des graines de sept espèces différentes, savoir :

1° Du ray-grass anglais *, à raison de 50 kilogrammes par hectare ;

2° Du ray-grass français **, à raison de 100 kilogrammes par hectare ;

3° Du dactyle pelotonné ***, à raison de 40 kilogrammes par hectare ;

4° De la fléole des prés ****, à raison de 10 kilogrammes par hectare ;

5° Du trèfle commun, à raison de 18 kilogrammes par hectare ;

6° Du trèfle blanc, à raison de 8 kilogrammes par hectare ;

7° De la lupuline *****, à raison de 15 kilogrammes par hectare.

On veut de plus que, dans la prairie, les quatre premiers fourrages soient en quantités égales, et les trois derniers aussi ; enfin on veut que les trois derniers fourrages réunis soient en quantité égale à l'un des quatre premiers. On demande combien on devra semer de kilogrammes de graine de chaque espèce.

(Rép. 1° 30 kilogr. ; 2° 60 kilogr. ; 3° 24 kilogr. ; 4° 6 kilogr. ; 5° 3k,6 ; 6° 1k,6 ; 7° 3 kilogr.)

727. Un bœuf du poids moyen de 500 kilogrammes nourri à l'étable consomme :

1° Pendant 150 jours d'été et par jour :

36 kilogrammes de trèfle vert, équivalant à 14 kilogrammes de trèfle sec, lequel vaut 4 francs le quintal ;

$2\frac{1}{2}$ kilogrammes de paille de froment à 1f,65 le quintal ;

25 grammes de sel à 0f,10 le kilogramme ;

2° Pendant 215 jours d'hiver et par jour :

20 kilogrammes de pommes de terre à 3f,50 le quintal ;

5 kilogrammes de paille à 1f,65 le quintal ;

$2\frac{1}{2}$ kilogrammes de foin à 6 francs le quintal ;

* Ivraie vivace. — ** Avoine élevée. — *** Graminée. — **** Graminée. — ***** Luzerne.

De plus il faut, été comme hiver, 3 kilogrammes de paille pour litière.

1° Quel est le prix de la nourriture et de la litière d'un bœuf pendant un an? 2° Sachant que la nourriture est proportionnelle au poids de l'animal, que coûterait en un an l'alimentation d'un bœuf de 855 kilogrammes?

(Rép. 1° Dépense annuelle pour un bœuf du poids de 500 kilogrammes, $309^{f},12$; 2° Nourriture annuelle d'un bœuf du poids de 855 kilogrammes, $497^{f},70$.)

728. Une terre carrée a 100 mètres de côté ou 1 hectare de superficie; un laboureur y fait des sillons parallèles distants de $0^{m},25$ en moyenne; ses chevaux marchent avec une vitesse de 3000 mètres à l'heure; et à cause des temps d'arrêt forcé au bout de chaque sillon, il y a une perte de temps qui est environ les $\frac{2}{5}$ de tout le temps employé au labour; la journée de l'homme, supposée de 11 heures, coûte $1^{f},50$; celle d'un cheval coûte $3^{f},50$. On demande : 1° la longueur totale des sillons; 2° le temps employé au labour; 3° le prix de ce labour.

(Rép. 1° 40 000 mètres; 2° $18^{h}\,40^{m}$; 3° $8^{f},48$.)

729. On vend une récolte de 12 mètres cubes $\frac{5}{7}$ de froment à raison de $23^{f},50$ l'hectolitre, en garantissant un poids de 79 kilogrammes par hectolitre, sauf à réduire ce prix suivant le poids; ce froment ne pèse que 77 kilogrammes l'hectolitre. On demande : 1° le prix de la vente; 2° le poids total du froment vendu.

(Rép. 1° $2912^{f},22$; 2° 9790 kilogrammes.)

730. Un laboureur travaillant seul pourrait récolter son champ de blé en 10 jours; mais il se fait aider par sa femme et son fils : la femme seule pourrait couper la pièce de blé en 15 jours, et le fils fait en 5 jours autant de besogne que le laboureur en fait en 3 jours. Combien cette famille mettra-t-elle de jours à moissonner son champ? (Rép. $4^{j}\,4^{h}\,56^{m}$, en supposant la journée de 12 heures de travail.)

731. Avec une machine à semer, on a employé 125 litres de semence pour ensemencer un hectare de terrain, et la main-d'œuvre s'est élevée à 3 francs; la récolte a été de 3790 litres de blé; un semeur, dans le même terrain, a mis 220 litres de semence, et la main-d'œuvre a coûté en tout $2^{f},90$; la récolte s'est élevée à 3250 litres de grain. Calculer le bénéfice résultant de l'emploi de la machine à semer, en comptant le blé à 27f,50 l'hectolitre. (Rép. 174f,52.)

732. On a payé 9806f,25 pour du minerai de cuivre acheté à raison de 18f,75 le quintal. Les frais d'extraction du cuivre s'élèvent à 5f,70 par quintal de minerai; le minerai contient 15 pour 100 de son poids de cuivre; enfin le cuivre perdu dans l'opération est 2 pour 100 de celui que contient le minerai. 1° A combien revient le kilogramme de cuivre; 2° combien vaut tout le cuivre obtenu? (Rép. 1° A 1f,66; 2° 12 787f,35.)

733. Un cultivateur a acheté sur pied, moyennant 182 francs, plus un décime par franc pour frais de vente, un champ de blé qui a fourni 225 gerbes; pour récolter ce blé, on a employé 6 journées d'ouvrier à 2f,45 chacune; le transport et le battage ont coûté ensemble 40f,50. On demande : 1° le prix de la gerbe; 2° le prix de l'hectolitre, à supposer que 5 gerbes produisent 2 décalitres $\frac{1}{2}$. (Rép. 1° 1f,13 $\frac{1}{2}$; 2° 22f,70.)

734. Lorsque le vin valait 35f,50 l'hectolitre, un ménage en consommait 728 litres par an. Le prix du vin s'étant élevé à 48f,25 par hectolitre, combien le même ménage pourra-t-il consommer de litres par an, s'il consacre à cet usage le double de la somme qu'il y consacrait primitivement? (Rép. 1071 litres.)

735. Un cultivateur a trouvé que, pour amender un sol complétement dépourvu de calcaire et labouré à 10 centimètres de profondeur, il faut répandre par hectare 580 mètres cubes de marne, contenant 70 pour 100 de calcaire. Combien faut-il de mètres cubes de marne contenant 75 pour 100 de calcaire pour amender un hectare de terrain labouré à 18 centimètres de profondeur, sachant que le sol contient environ 15 pour 100 de calcaire? (Rép. 404 mètres cubes, à 1 mètre cube près.)

736. Dans un taillis de 30 hectares, on a, jusqu'à une certaine époque, aménagé les coupes de manière à couper le taillis tous les 20 ans, ou, en d'autres termes, on a coupé tous les ans 1 $\frac{1}{2}$ hectare du taillis; à partir de cette époque, on change l'aménagement, et on ne coupe qu'un hectare tous les ans. Calculer le bénéfice réalisé au bout de 30 ans. On admet qu'un hectare

de taillis âgé de 20 ans vaut 800 francs, et qu'un hectare de taillis âgé de 30 ans vaut 1800 francs; on admet aussi que l'augmentation de valeur du taillis de 20 à 30 ans est proportionnelle au temps écoulé. On ne tiendra pas compte des intérêts.
(Rép. Le bénéfice demandé est de 3000 francs.)

737. Un agriculteur veut faire drainer une pièce de terre de 3 hectares 55 ares: il aura besoin de 750 mètres de tranchées par hectare : l'ouverture du mètre courant de tranchée lui coûtera 17 centimes; les tuyaux, de 30 centimètres de longueur, lui reviennent à 22 francs le mille; la pose coûte 4 centimes le mètre courant; le remplissage des tranchées lui coûte 3 centimes; il paye à l'arpenteur 50 francs par hectare pour frais de nivellement et de surveillance des travaux. On demande à combien lui reviendra le drainage de son champ. (Rép. A 1011f,75.)

CALCULS DE GÉOMÉTRIE.

(SUITE DES DEVOIRS ÉCRITS.)

738. Quelle est la valeur du troisième angle d'un triangle, sachant que les deux autres ont respectivement pour mesure 53° 18′ 26″ ; 63° 48′ 31″? (Rép. 62° 53′ 3″.)

739. Quel est le complément de 48° 50′ 11″, latitude de l'Observatoire de Paris? (Rép. 41° 9′ 49″.)

740. Quelle est la longueur de la circonférence qui a 2 mètres 45 centimètres de rayon? Évaluez cette longueur à 0m,001 près.
(Rép. 15m,394.)

741. Quel doit être le rayon d'une circonférence pour qu'elle ait une longueur de 15 mètres 348 millimètres? (Rép. 2m,44.)

742. Calculez la surface d'un rectangle de 9 mètres 3 décimètres de longueur sur 5 mètres 37 centimètres de hauteur.
(Rép. 49mq,9410.)

743. Quelle est la surface d'un carré qui a 8 mètres 72 centimètres de côté? Quel calcul faudrait-il faire pour revenir de la surface au côté du carré?
(Rép. 1° 76mq,0384; 2° Extraire la racine carrée de 76,0384.)

744. Quelle doit être la hauteur d'un rectangle qui a 34 mètres 3 décimètres de longueur, pour qu'il ait 9 ares 25 centiares de superficie ? (Rép. $26^{m},97$.)

745. Calculez la surface d'un rectangle. dont la base est de 26 mètres 45 centimètres, et la diagonale de 44 mètres 76 centimètres. (Rép. $955^{mq},11$.)

746. Calculer 1° la surface, 2° le côté d'un carré dont la diagonale est de 25 centimètres.

(Rép. 1° $S = 312^{cmq}\frac{1}{2}$; 2° côté = 176 millimètres, à 1 millimètre près.)

747. Quelle est la surface d'un triangle ayant pour base 39 mètres 25 centimètres, et pour hauteur 42 mètres 56 centimètres? (Rép. $835^{mq},24$.)

748. Quelle est la surface d'un trapèze ayant pour bases $56^{m},83$ et $38^{m},27$, et pour hauteur $21^{m},40$? (Rép. $1017^{mq},57$.)

749. Étant données les bases d'un trapèze symétrique respectivement égales à $32^{m},76$ et à $41^{m},24$, ainsi que sa surface $5826^{mq},4360$, calculez les deux autres côtés. (Rép. Chacun des côtés non parallèles du trapèze est de $157^{m},528$, à 0,001 près.)

750. Quelle est l'aire d'un cercle de 3 mètres 5 décimètres de rayon ? (Rép. $38^{mq},48$, à 1 décimètre carré près.)

751. Quel doit être le rayon d'un cercle pour que sa surface soit de $33^{mq},1830$? (Rép. $3^{m},250$, à 0,001 près.)

752. Quelle est l'aire d'un cercle dont la circonférence est de 26 mètres 707 millimètres? (Rép. $56^{mq},7596$.)

753. Le côté d'un cône est de 10 mètres, le rayon de la base est de 6 mètres. Quelle est sa surface latérale ? Quelle est sa surface totale ? (Rép. 1° $188^{mq},496$; 2° $301^{mq},594$.)

754. 1° Quelle est la surface *latérale* d'un cône de mètres de hauteur, le rayon de la base étant de 6 mètres. 2° Quelle est la surface *totale?* (Rép. 1° $188^{mq},496$; 2° $301^{mq},594$.)

755. Quel est le volume d'un pain de sucre dont la hauteur est de 6 décimètres et la largeur de la base de 4 décimètres? (Rép. $25^{dc},133$.)

756. La hauteur d'un pain de sucre est de 6 décimètres, son volume est de 30 décimètres cubes. Quel est le rayon de sa base?
(Rép. 218^{mm},5.)

757. Un pain de sucre a 36 centimètres de diamètre et 60 centimètres de hauteur. Quel est son poids? On sait d'ailleurs que la densité du sucre est 1,16. (Rép. 23^{k},615.)

758. Un vase a la forme d'un cône, l'ouverture (base du cône) a 5 centimètres de diamètre; ce vase vide pèse 50 gr.; plein d'eau, il pèse 165 gr. Quelle est sa profondeur?
(Rép. 176 millimètres.)

759. Le rayon d'une sphère est de 6 mètres. 1° Quelle est sa surface? 2° Quel est son volume? (Rép. 1° 452^{mq},3904; 2° 904^{mc},7808.)

760. Le rayon de la lune est les $\frac{3}{11}$ de celui de la terre. 1° Quelle est la surface; 2° quel est le volume de la lune comparativement à la surface et au volume de la terre? (Rép. 1° La surface de la lune est environ les 0,07 de celle de la terre; 2° le volume de la lune est environ les 0,02 de celui de la terre.)

761. Le rayon du soleil vaut 112 fois celui de la terre. 1° Quel est le rapport de la surface du soleil à celle de la terre? 2° Quel est le volume du soleil comparativement à celui de la terre? (Rép. 1° La surface du soleil est environ 12 500 fois celle de la terre; 2° le volume du soleil est environ 1 400 000 fois celui de la terre.)

762. Le litre que l'on emploie pour mesurer les matières sèches a la forme d'un cylindre dont la hauteur est égale au diamètre. Calculez-en les dimensions. (Rép. Diamètre et hauteur intérieurs du litre : 1 décimètre 84 millièmes de décimètre.)

763. Le litre que l'on emploie pour les liquides (le lait et l'huile exceptés) a la forme d'un cylindre dont la hauteur est double du diamètre. Quelles en sont les dimensions? (Rép. 1° Diamètre intérieur = 86 millimètres; 2° hauteur = 172 millimètres.)

764. Le rayon de la terre supposée sphérique est de 6366 kilomètres. Quelle est sa surface? Quel est son volume? Quel est son poids en kilogrammes, sachant que sa densité est 5,5?
(Rép. 1° 509 265 372 kilomètres carrés; 2° 1 080 661 119 384 kilomètres cubes; 3° 5 943 636 156 612 millions de tonnes.)

765. Quelle est la capacité d'une chaudière cylindrique de 8,3 décimètres de profondeur et de 13 décimètres de diamètre? (Rép. 1101^{li},68.)

766. On veut faire un vase cylindrique en fer-blanc pesant 1 gr. par centimètre carré. On lui donne 10 centimètres de diamètre et 10 centimètres de profondeur. Quel sera son poids? (Rép. 392^{g},70.)

767. Quelle est l'épaisseur de la pièce de 2 centimes dont le diamètre est de 20 millimètres? On sait en outre que 8,75 est la densité du métal. (Rép. 0^{mm},73.)

CHAPITRE III.

SUJETS DE COMPOSITION (MODÈLES).

(Le maître y joindra un sujet de théorie.)

768. En poids, 100 parties de lait donnent 15 parties de crème, et la crème donne 21 pour 100 de beurre. Combien faut-il de litres de lait pour obtenir 540 kilogr. de beurre? On admettra que 1 litre de lait pèse 1030 grammes. (Rép. 16 643 litres.)

769. On paye 10 ouvriers à raison de $3^{f},57$ et 100 autres à raison de $2^{f},89$ par journée; ils travaillent pendant 100 jours et fabriquent $7949^{m},65$ qu'on vend à raison de 10 francs le mètre. Calculer le bénéfice ou la perte. (Rép. Le bénéfice est de $47\,026^{f},50$.)

770. Une personne a acheté $342^{m},45$ de marchandise à raison de $18^{f},25$ le mètre; elle veut, en les revendant, réaliser un bénéfice de 500 fr. sur le tout; les $\frac{7}{9}$ de l'achat ont déjà été vendus à raison de $19^{f},40$ le mètre. Quel doit être le prix du mètre de ce qui reste encore à vendre? (Rép. $20^{f},79$.)

771. Un particulier a acheté une certaine marchandise; il en cède $\frac{1}{4}$ à une première personne, $\frac{1}{3}$ à une seconde, $\frac{1}{6}$ à une troisième; il lui en reste 2 hectolitres $\frac{1}{5}$. Combien d'hectolitres de cette marchandise avait-il achetés? (Rép. $8^{h},8$.)

772. Un marchand a acheté $75^{m},40$ de velours à raison de $19^{f},75$ le mètre; il a payé les $\frac{4}{7}$ du prix avec du drap d'une valeur de 12 fr. le mètre, et le reste en argent. 1° Combien a-t-il livré de mètres de drap? 2° Quelle somme a-t-il déboursée? (Rép. 1° $70^{m},91$; 2° $638^{f},21$.)

773. Combien pourrait-on faire de pièces de 5 fr. avec un lingot d'argent pur dont le volume serait de 4 décimètres cubes? La densité de l'argent est 10,47. (Rép. 1861 pièces de 5 francs, et il restera $8^{g},333$ d'argent monétaire.)

774. Un spéculateur a acheté 91 hectares 62 ares de bois à raison de 2225f,35 l'hectare; 57 hectares 25 ares de vigne à raison de 1950 fr. l'hectare. Il a revendu l'hectare de bois 2530 fr. et l'hectare de vigne 2125f,50. Combien a-t-il gagné? (Rép. 37 959f,41.)

775. Une personne achète pour 10 500 francs deux pièces de terre : la première de 3 hectares 20 ares ; la deuxième de 24 hectares 40 ares; la qualité du terrain est la même. A quel prix doit être affermée la première pièce, par an, pour rapporter 4 p. 100 du prix qu'elle coûte? (Rép. A 48f,70 par an.)

776. Combien faut-il revendre une marchandise que l'on a achetée 500 fr., pour gagner 5 pour 100: 1° sur le prix de vente? 2° sur le prix d'achat? (Rép. Dans le premier cas, on vendra la marchandise 526f,32; dans le second, on ne la vendra que 525 francs.)

777. Le coke se vend au détail 35 c. le décalitre, ou 2 fr. 60 l'hectolitre, au choix de l'acheteur; mais l'hectolitre se mesure *ras*, tandis que le décalitre se mesure *comble*, c'est-à-dire que non-seulement la mesure est pleine, mais que le coke s'élève au-dessus des bords en forme de cône dont la hauteur est égale au rayon de la base. Quel est le plus avantageux, d'acheter à l'hectolitre ou au décalitre et quelle est la différence? (Rép. On gagne 40 c. par hectolitre, en achetant un hectolitre à la fois.

778. Une famille consomme en moyenne par jour 3k,5 de pain de méteil; le sac de farine pèse 162k,50 et coûte 36 fr.; 100 kil. de farine produisent 125 kil. de pain; la cuisson de l'année emploie 200 fagots à 0f,105 l'un.

On demande :

1° La dépense totale de l'année;

2° Le poids de la farine nécessaire pour la fabrication d'un pain de 5 kilogrammes;

3° Le prix de ce pain.

(Rép. 1° 247f,41; 2° 4 kilogrammes; 3° 97 centimes.)

779. La récolte d'une propriété en froment, vendue sur le pied de 27f,50 les 100 kilogr., a produit 2941f,40; on sait que l'étendue des terres ensemencées est de 9 hectares 55 ares. Quel est le produit de chaque hectare en froment et en argent?

(Rép. 1° 1120 kilogrammes; 2° 308 francs.)

780. Un ouvrier a porté 235 fr. à la caisse d'épargne ; il en retire son argent au bout de 3 ans. Combien lui sera-t-il payé? Le taux est de 4 pour 100 et les intérêts se capitalisent.
(Rép. 264^f,34, capital et intérêts réunis.)

781. Dans une ville, un terrain de 3 hectares 15 centiares a été payé 275000 fr. Combien faut-il revendre le mètre carré de ce terrain pour gagner 17 fr. par are sur le prix d'achat? (Rép. 9^f,33.)

782. On veut faire carreler une chambre à four ayant 4^m,60 de longueur sur 3^m,90 de largeur, avec des briques carrées qui ont 165 millimètres de côté. 1° Combien faudra-t-il de ces briques? 2° Quelle sera la dépense, sachant que le mille de briques vaut 95 fr. et que les frais de pose reviennent à 1^f,25 le mètre carré
(Rép. 1° 659 briques; 2° 85^f,04.)

783. Une fermière porte au marché une corbeille pleine d'œufs, qu'elle veut vendre 7 centimes pièce; en route, elle casse 5 œufs; puis, faisant son compte, elle trouve qu'en vendant ceux qui lui restent 8 centimes pièce, elle retirera de sa vente la même somme. Combien avait-elle d'œufs en partant? (Rép. 40 œufs.)

784. On veut faire un tapis de 5^m,60 de longueur sur 4^m,25 de largeur avec de l'étoffe de 0^m,85 de largeur. Le prix du mètre d'étoffe est de 3^f,20. Quelle doit être la dépense?
(Rép. 89^f,60, sans compter la façon.)

785. Un marchand achète 360 mètres de drap; il vend : 1° les $\frac{7}{12}$ à raison de 13^f,40 le mètre ; 2° les $\frac{2}{3}$ du reste à raison de 14^f,10; 3° tout ce qui reste encore à raison de 15^f,60; à ce marché, il gagne $10\frac{1}{2}$ pour 100 du prix d'achat. 1° Quel est le montant de cet achat? 2° Combien a-t-il payé le mètre? (Rép. 1° 4528^f,51; 2° 12^f,58.)

786. On a acheté 387$^m\frac{1}{8}$ d'étoffe, savoir : 162$^m\frac{5}{6}$ à un certain prix, et le reste à raison de 4^f,60 le mètre; on revend le tout à raison de 6^f,55 le mètre, et à ce marché on gagne 500 fr. 1° Quel est le prix d'achat des 162$^m\frac{5}{6}$? 2° Quel est le prix du mètre?
(Rép. 1° 1003^f,93; 2° 6^f,17.)

787. Un marchand a acheté les $\frac{7}{8}$ d'une pièce d'étoffe à $56^f,50$ le mètre ; il cède les $\frac{9}{10}$ de l'étoffe achetée à un de ses confrères pour la somme de 3300 fr. ; à ce marché, il gagne 136 fr. outre le drap qui lui reste. Trouver 1° le nombre de mètres de la pièce d'étoffe ; 2° le bénéfice total du marchand.
(Rép. 1° 64 mètres; 2° $452^f,40$.)

788. Un entrepreneur a fait enlever des matériaux dont le volume est le même que celui d'un cube dont l'arête aurait 9 mètres 4 décimètres; les ouvriers qu'il emploie reçoivent $1^f,50$ par tombereau, et chaque tombereau contient les $\frac{7}{6}$ d'un mètre cube. 1° Quelle est la somme qui a été déboursée par l'entrepreneur? 2° Quel sera son bénéfice, s'il gagne 6 pour 100 de la dépense?
(Rép. 1° 1068 francs; 2° $64^f,08$.)

789. Une personne ayant placé un capital au taux de 5 pour 100 par an, a obtenu au bout de 3 ans et 4 mois un intérêt qui, ajouté au capital, a produit une somme de 8540 fr. 1° Quel est ce capital? 2° Quel est le montant des intérêts?
(Rép. 1° 7320 francs; 2° 1220 francs.)

790. 444 ouvriers (hommes et femmes) travaillent dans une fabrique ; chaque homme reçoit 45 fr. par mois, et chaque femme 36 fr. Sachant que les 444 ouvriers touchent ensemble 18 225 fr. par mois, dire combien d'hommes et de femmes sont employés dans cette fabrique. (Rép. 249 hommes et 195 femmes.)

791. Quelle provision de blé faudrait-il faire pour nourrir pendant 30 jours 221 hommes, d'après les données suivantes : chaque homme consomme 750 grammes de pain par jour ; 5 kilogrammes de pain sont produits par 4 kilogrammes de farine; 74 kilogrammes de farine sont donnés par 100 kilogrammes de blé nettoyé; l'opération de nettoyage que subit le blé avant d'être mis sous la meule occasionne un déchet de $2^k,50$ pour 100^k. (Rép. $5513^{kg},514$.)

792. Un propriétaire de vignes a vendu le vin de sa récolte à raison de $79^f,92$ le tonneau, contenant un poids de vin égal à 199 kilogrammes 8 hectogrammes. A volume égal, le poids de ce vin est les 0,925 de celui de l'eau. On demande : 1° le prix de l'hectolitre; 2° la somme d'argent monnayé qui aurait un poids égal à celui du vin que renferme un des tonneaux dont il s'agit · 3° le poids d'argent pur contenu dans cette somme, en la supposant composée de pièces de 5 fr. (Rép. 1° 37 francs; 2° L'argent monnayé de même poids que le vin a une valeur de 39 960 francs; 3° Le poids de l'argent pur contenu dans cette somme est de 179k,820.)

793. Le charbon de terre extrait des mines du bassin de la Loire a été évalué en 1862 à 16 311 300 quintaux métriques; le charbon du bassin de Valenciennes a été de 10 728 500 quintaux; le mètre cube de charbon pèse 833 kilogr. Calculer combien de mètres cubes de charbon ont été extraits : 1° du bassin de la Loire; 2° du bassin de Valenciennes. Calculer à moins d'un millième près le rapport des deux nombres donnés. (Rép. 1° 1 958 139 mètres cubes; 2° 1 287 935 mètres cubes. Rapport demandé : 1,520 à 0,001 près.)

794. Une personne ayant acheté une terre donne en payement : 1° 69 actions de chemin de fer au cours de 687f,50; 2° 387 obligations au cours de 308f,75; 3° 5 sacs de monnaie d'argent pesant chacun 3k,55; 4° un sac de monnaie d'or du même poids. Le compte fait, elle doit encore $\frac{1}{20}$ du prix de la propriété. Quel est ce prix? (Rép. 191 030f,26.)

795. Un négociant a vendu 78m,1 de drap à 9 fr. le mètre, et 69k,094 de laine à 8f,05 le kilogr. Il fait sur la facture une remise de 2 pour 100 et place à 4 pour 100 le produit de cette vente. Après 5 mois 10 jours, il le retire et l'emploie à payer son loyer qui est de 665f plus 1f,25 de menus frais, et à faire sa provision de bois, qu'il achète à raison de 13f,25 le stère. Combien a-t-il acheté de stères de bois? (Rép. 44stères,5.)

796. De deux négociants, le premier fait par an pour 1 246 180 fr. d'affaires, le deuxième pour 2 187 800 fr.; le premier gagne 11 pour 100 et le deuxième 9 pour 100 sur le montant total de ces affaires; le premier consacre $4\frac{1}{2}$ pour 100 de son bénéfice à l'entretien de sa maison, et le deuxième $3\frac{1}{4}$ pour 100; les deux négociants mettent de côté ce qu'ils n'emploient pas à leurs dépenses personnelles. On demande au bout de combien d'années le second aura 297 957f,38 de plus que le premier. (Rép. 5 ans.)

797. Combien faudra-t-il de centilitres de mercure pour peser autant que 60 pièces de 20 fr., sachant que, à volume égal, le mercure pèse environ 13 fois et demie autant que l'eau?
(Rép. $2^{\text{centilitres}}$,867.)

798. On emploie dans une usine du minerai de plomb renfermant 19 pour 100 de son poids de plomb; on perd, dans l'opération, les $\frac{13}{100}$ de tout le plomb que le minerai renferme; le plomb vaut 55 fr. les 100 kilogr. On demande combien il faudra traiter de quintaux de minerai pour obtenir pour 20 000 fr. de plomb.
(Rép. 2200 quintaux.)

799. Un nombre est composé de 4 parties; les trois premières sont $25 + \frac{1}{5}$, $17 + \frac{1}{4}$, et $20 + \frac{1}{8}$, et l'on sait que les $\frac{5}{8}$ de la quatrième valent la somme des trois autres. 1° Quelle est la quatrième partie? 2° Quel est le nombre total?
On résoudra la question en opérant d'abord sur les fractions ordinaires, puis sur ces fractions, préalablement réduites en fractions décimales. On prouvera l'identité des résultats obtenus dans les deux cas. (Rép. 1° 100,12; 2° 162,695.)

800. Un ouvrier a fait un certain ouvrage en 4 jours, en travaillant 4 heures par jour; un second a fait le même ouvrage en 8 jours, en travaillant 3 heures par jour; un troisième ouvrier en 9 jours, en travaillant 2 heures par jour; un quatrième en 8 jours, en travaillant 6 heures par jour; un cinquième en 18 jours, en travaillant 8 heures par jour. On demande en combien d'heures ce travail aurait été fait, si tous les ouvriers avaient travaillé ensemble. (Rép. 5^{h} 20^{m}.)

801. Le propriétaire d'un terrain de 14^{ares},9 en conserve une partie et vend le reste par petites portions, savoir : 340 mètres carrés à raison de 7^{f},50 le mètre carré; 408 mètres carrés à raison de 5^{f},40 le mètre carré; une troisième portion pour 1326 fr. à raison de 6 fr. le mètre carré. Il a fait un bénéfice qui, indépendamment de la portion qui lui reste, s'élève à 2 p. 100 du prix total de l'achat. 1° Quel était ce dernier? 2° Combien le propriétaire avait-il acheté le mètre carré? 3° Combien devrait-il vendre la fraction qu'il a conservée pour porter son bénéfice à 3 pour 100? (Rép. 1° 5960 fr.; 2° 4 fr.; 3° 59^{f},60.)

802. Un particulier a fait une entreprise ; la première année, il a gagné une certaine somme ; la seconde année, il a gagné les $\frac{4}{7}$ de la même somme, et, la troisième année, il a perdu $\frac{1}{3}$ de ce qu'il avait gagné la seconde année ; son bénéfice total est de 6380 fr. On demande combien il a gagné la première année.
(Rép. 4620 fr.)

803. Une personne brûle chaque jour les $\frac{3}{4}$ d'un seau de charbon de terre contenant 19 kilogr. de charbon ; $7\frac{1}{2}$ hectolitres de charbon coûtent 26 fr., et l'hectolitre de charbon pèse 80 kilogr. Combien cette personne dépensera-t-elle pour son chauffage depuis le 1er novembre jusqu'au 1er avril ?
(Rép. 93^{f},24.)

804. On a acheté 8 stores de 3 mètres de longueur sur 1^{m},50 de largeur, coûtant 14^{f},50 le mètre carré ; comme on n'a pu s'acquitter qu'au bout de 3 ans 1 mois 15 jours, la somme à débourser a été augmentée de $\frac{1}{8}$ de sa valeur primitive. Quel a été : 1° le taux de l'intérêt ; 2° la somme déboursée ? (Rép. 1° 4 p. 100 ; 2° 587^{f},25.)

805. Deux trains de chemin de fer partent, le premier de Paris pour Caen à 8 heures 45 minutes du matin ; le second de Caen pour Paris 1 heure 15 minutes plus tard ; le premier fait 8 kilomètres en 15 minutes ; le second 36 kilomètres en trois quarts d'heure. A quelle heure et à quelle distance de Paris et de Caen les deux trains se croiseront-ils ? (Il y a de Paris à Caen 240 kilomètres.)
(Rép. 1° A midi 30 minutes ; 2° à 120^{k} de Caen ; 3° à 120^{k} de Paris.)

806. Une revendeuse achète des œufs à 8 fr. le cent ; elle en revend la moitié à raison de 10 centimes pièce, et la seconde moitié à raison de 3 pour 20 centimes ; de cette manière, elle gagne 80 centimes. Combien avait-elle acheté d'œufs ? (Rép. 240.)

807. Un commerçant a fait venir 22 barriques de vin jaugeant ensemble 52 hectolitres 60 litres, qui lui reviennent à 90 centimes le litre ; il y mêle 25 litres d'eau par hectolitre. Combien devra-t-il vendre au détail la bouteille de 75 centilitres pour gagner 30 pour 100 sur le prix de revient ? $\left(\text{Rép. } 70^{c}\frac{1}{5}.\right)$

808. Une prairie artificielle de 2 hectares 50 ares a donné en deux coupes égales 82 620 kilogr. de fourrage vert qui a produit pour 1762f,55 de foin sec; on sait que le fourrage vert perd les $\frac{7}{9}$ de son poids en passant à l'état de foin sec, et que la botte de foin pèse 5 kilogr. Calculez 1° le prix de 100 bottes, 2° le nombre de bottes fournies par un hectare.

(Rép. 1° 48 fr. les 100 bottes; 2° l'hectare produit 1468 bottes $\frac{8}{10}$.)

809. Un candidat devant résoudre un problème en un temps déterminé, en emploie le huitième à trouver la marche à suivre, le dixième à trouver les simplifications de calcul, un cinquième à effectuer ses calculs, deux cinquièmes à rédiger, le dixième à relire sa rédaction et à collationner ses résultats; il remet sa copie 9 minutes avant l'heure fixée. Quel était le temps accordé pour ce problème ? (Rép. 2 heures.)

810. Une usine à gaz est chargée d'alimenter annuellement 2600 becs pendant 1440 heures; on sait qu'un bec consomme 130 litres de gaz par heure, et que la distillation d'un hectolitre de houille donne 18mc,548 de gaz. Combien cette usine consomme-t-elle d'hectolitres de houille dans l'année ?

(Rép. 26 241 hectolitres.)

811. La farine de froment fournit les 0,88 de son poids de farine blutée; celle-ci absorbe dans le pétrissage les 0,57 de son poids d'eau; mais, dans la cuisson, il s'évapore les 0,22 du poids de l'eau absorbée. Combien de kilogr. de pain pourra-t-on faire avec 200 kilogr. de farine non blutée ? (Rép. 254kg,250.)

812. Sur le chemin de fer d'Orléans, le nombre total des voyageurs a été, en 1854, de 3 332 950; le nombre de voyageurs de 1re classe a été les $\frac{3}{4}$ du nombre de ceux de la 2e; le nombre des voyageurs de la 2e a été les $\frac{2}{9}$ de ceux de la 3e. Combien de voyageurs de chaque classe? (Rép. 1° 399 954; 2° 533 272; 3° 2 399 724.)

813. Quel est le taux de l'intérêt d'une somme de 45 000 fr. qui rapporte 253 fr. en 7 mois 10 jours?

(Rép. 92 centimes pour 100 fr. par an.)

814. Un fondeur veut couler une cloche pesant 450 kilogr.; elle doit être formée d'un alliage de cuivre et d'étain. Dans quelle proportion doivent être ces deux métaux, les densités de cette cloche, du cuivre et de l'étain, étant respectivement exprimées par les nombres 8,4; 8,88; 7,29?
(Rép. On doit allier $332^{k},1$ de cuivre avec $117^{k},9$ d'étain.)

815. Un spéculateur a acheté 250 000 fr. un terrain dont l'étendue est de 1 hectare 35 ares et 63 centiares; il l'a revendu en 3 lots égaux, savoir : le premier à raison de $18^{f},30$ le mètre carré; le second à raison de $19^{f},60$; le troisième à raison de $21^{f},50$. On demande ce qu'il a gagné à cette opération. (Rép. $18\,547^{f},40$.)

816. Un propriétaire a dans ses terres 2 kilomètres $\frac{1}{4}$ de chemin; il y plante de chaque côté, et à 18 mètres de distance les uns des autres, des arbres qui coûtent 276 fr. le cent; au bout de quinze ans, les $\frac{3}{5}$ ont une valeur de 20 fr. chacun; 34 autres sont morts et chacun des autres ne vaut que les $\frac{7}{10}$ de l'un des premiers (ceux qui valent 20 fr. la pièce); on admet que la dépense faite primitivement par le propriétaire, placée à intérêts composés, représente alors une somme double. Combien pourrait-il, avec le surplus du profit, acheter d'ares et de centiares d'une terre qui vaut 75 centimes le mètre carré? (Rép. $33^{a},92$.)

817 Une somme d'argent placée pendant 8 mois est devenue $297^{f},60$; la même somme placée pendant 15 mois est devenue 306 fr., capital et intérêts simples réunis. 1° Quelle est cette somme? 2° Quel est le taux de l'intérêt? (Rép. 1° 288 fr.; 2° 5 p. 100.)

818. Deux ouvriers travaillant ensemble ont fait en 3 jours $\frac{1}{2}$ un ouvrage qui leur a été payé 46 fr. Le premier, à lui seul, l'aurait fait en 5 jours $\frac{3}{4}$. Quelle fraction de l'ouvrage chaque ouvrie a-t-il faite? Combien chacun a-t-il gagné par jour?

(Rép. Le premier a fait les $\frac{14}{23}$ de l'ouvrage, et a gagné 8 fr. par jour; le second a fait les $\frac{9}{23}$ de l'ouvrage, et a gagné $5^{f},14$ par jour.)

819. On a placé à intérêt simple deux capitaux qui sont entre eux comme $3\frac{3}{4}$ est à $4\frac{5}{6}$; le premier capital, placé à raison de 4 pour 100 pendant 6 ans 4 mois, a produit 1071 fr. d'intérêt de plus que le deuxième capital, placé à raison de 3 pour 100 pendant 4 ans $\frac{1}{2}$. Quels sont ces capitaux?

(Rép. Le premier capital est 13 500 fr.; le second est 17 400 fr.)

820. 4 hommes battent du blé au fléau; chacun d'eux peut battre en un jour 70 gerbes, et chaque gerbe donne en moyenne 3 litres de grain; la journée de chaque homme se paye 2f,25; le travail terminé, on a obtenu 175 hectolitres de blé. On demande : 1° combien il a fallu de jours; 2° combien il y avait de gerbes en tout; 3° ce qu'on a dû payer à chaque homme; 4° combien coûte le battage au fléau par hectolitre de grain.

(Rép. 1° 20j $\frac{5}{6}$; 2° 5833 gerbes $\frac{1}{3}$; 3° 4(87 $\frac{1}{2}$; 4° 1f,07.)

821. La profondeur du puits de Grenelle, à Paris, est de 547 mètres, et la température du fonds de ce puits est de 27°,33. Celle des caves de l'Observatoire, situées à 28 mètres au-dessous du sol, est de 11°,7. Calculer la température d'une couche située à une profondeur de 217 mètres. On admettra que l'accroissement de température est proportionnel à la quantité dont on s'enfonce dans le sol. (Rép. 17°,39.)

822. Avant la guerre de 1870-1871 la France comptait environ 37 millions d'habitants. Quelle est la fraction du nombre de jeunes gens de vingt à vingt et un ans appelée sous les drapeaux dans une conscription de 80 000 hommes? La moyenne des individus de vingt à vingt et un ans est de 522,5 sur 32 581, et sur 33 individus de cet âge on compte 17 garçons.

(Rép. Les 0,26 environ du nombre des jeunes gens du même âge.)

823. Un marchand de charbon a acheté 100 hectolitres de houille à 4 fr. l'hectolitre; il a payé 26f,40 pour transport et menus frais; en la revendant au détail, il veut gagner 25 p. 100 de ses déboursés. Combien doit-il vendre les 50 kilog. L'hectolitre de houille pèse 82 kilogr. (Rép. 3f,25.)

824. La tête d'une vis est divisée en 360 degrés; quand on fait faire 6 tours complets à la vis, elle avance de 15 millimètres : de combien avancera-t-elle quand on fera tourner la tête de la vis de 257 degrés et $\frac{1}{2}$? (Rép. De $1^{mm},79$.)

825. On estime que depuis l'établissement définitif du système métrique en 1840, jusqu'en 1854, il a été fabriqué des pièces d'or de 20 francs pour une valeur de 1 697 549 720 fr. Calculer :

1° Le nombre des pièces;

2° Le poids total, sachant qu'une pièce de 20 fr. pèse $6^{gr},451$;

3° Le poids du cuivre allié à l'or;

4° Le poids de l'or pur;

5° La longueur en kilomètres que l'on aurait en plaçant ces pièces en ligne droite à la suite les unes des autres, sachant que le diamètre d'une pièce est de 21 millimètres;

6° Combien il faudrait mettre de pièces à la suite les unes des autres pour aller de Paris à Orléans, la distance étant de 121 kilomètres.

(Rép. 1° 84 877 486 pièces; 2° 547 $544^{kg},662$; 3° 54 $754^{kg},466$ de cuivre; 4° 492 $790^{kg},196$ d'or; 5° $1782^{kilom},427$ 206; 6° 5 761 904 pièces.)

826. 200 kilogr. de sel joints à 24 000 kilogr. de fumier sont considérés comme formant une bonne fumure pour les $\frac{4}{3}$ d'un hectare en terres argileuses. 1° Combien faudra-t-il de sel et de fumier pour 4 hectares $\frac{5}{7}$? 2° Sur cette étendue, quelle sera la production probable en poids de froment? On sait que l'emploi du sel augmente d'environ $\frac{1}{50}$ le poids du grain, et que dans les circonstances ordinaires 22 kilogr. de fumier suffisent à la production de $1^{k},87$ de froment.

(Rép. 1° 707 kilogrammes de sel et 84 857 kilogrammes de fumier; 2° 7357 kilogrammes de froment.)

827. Un marchand de toile avait deux capitaux placés pendant le même temps, le premier à $5\frac{1}{4}$ pour 100, le deuxième à $6\frac{1}{2}$ pour 100; le premier a rapporté $6378^{f},75$; le second, qui surpassait le précédent de 8100 fr., a rapporté 11 846f,25; le premier de ces capitaux a été employé pour acheter 60 pièces de toile de 108 mètres chacune, et le second pour acheter 75 pièces de toile de même longueur. 1° Quels sont les deux capitaux? 2° Pendant combien de temps ont-ils été placés? 3° Quel est le prix du mètre de toile acheté avec chacun des capitaux?

(Rép. 1° Les capitaux placés sont : le premier, 16 200 francs; le second, 24 300 francs. 2° Le temps du placement est de 7 ans 6 mois. 3° Le prix du mètre de toile est de 2f,50 pour la première, et de 3 francs pour la seconde.)

828. Deux ballots contiennent chacun 12 pièces de toile de 58m,60; le premier contient en outre 4 pièces de calicot, chacune de 75m,60, et le second 11 pièces ayant ensemble 679m,80; le premier est estimé 2406f,36; le second, 2557f,32. 1° Quel est le prix du mètre de toile? 2° Quel est celui du mètre de calicot?

(Rép. 1° La toile coûte 3f,25 le mètre. 2° Le calicot coûte 40 centimes le mètre.)

829. Un litre d'air à 0° et sous la pression 0m,76 pèse 1gr,293. 1° Combien pèse à la même température et à la même pression un demi-stère de bois dont la densité est $\frac{1}{2}$? 2° Quel serait le côté d'un cube en laiton qui pèserait dans l'air autant que le demi-stère de bois, sachant que la densité du laiton est 8,3?

(Rép. 1° Le demi-stère de bois pèsera 249kg,354. 2° Le cube en laiton du même poids aura une arête égale à 311 millimètres.)

830. Le prix d'un mètre cube de bois est de 45 fr., et le transport à 1000 mètres coûte 2f,25 par mètre cube. 1° A combien reviendront 2mc,079 transportés à 1678 mètres. 2° Combien pourra-t-on faire transporter de mètres cubes de bois à la même distance pour 2465 francs?

(Rép. 1° 2mc,079 transportés à une distance de 1678 mètres reviendront à 101f,40. 2° Pour 2465 francs, on fera transporter à une distance de 1678 mètres 652mc,9 de bois.)

831. On a acheté une pièce d'étoffe pour la somme de 175 fr. On demande 1° le prix du mètre; 2° le prix d'une robe de cette étoffe, sachant qu'il en faut 7m,50; on sait en outre que, si la pièce contenait 2m,50 de plus, il y en aurait assez pour faire 7 robes.

(Rép. 1° 3f,50; 2° 26f,25.)

832. Une salle est éclairée par un bec de gaz. En janvier, on

l'allume à $4^h 30^m$ et on l'éteint à minuit; en février, on l'allume à $5^h 20^m$ et on l'éteint à minuit. La dépense, en janvier, a été de $32^f,55$ à raison de 45 c. le mètre cube de gaz. Quelle sera en février : 1° la dépense; 2° la quantité de gaz consommée?
(Rép. 1° $26^f,13$; 2° $58^{mc},067$.)

833. 326 hectolitres de blé ont coûté $6542^f,65$. Combien coûteront $127^{hectol},42$ de ce blé? (Rép. $2557^f,25$.)

834. Un marchand a acheté un certain nombre de kilogrammes de marchandises en plusieurs parties, savoir : les $\frac{2}{7}$ de ce nombre total de kilogrammes à raison de $1^f,15$ l'hectogramme; les $\frac{3}{8}$ du même nombre à raison de $1^f,20$ l'hectogramme, et les $4^k,375$ qui complètent la totalité à raison de $1^f,37$ l'hectogramme.
1° Quelle a été la dépense du marchand? 2° Combien doit-il vendre l'hectogramme pour gagner 175 fr. sur la totalité de la marchandise achetée? (Rép. 1° $160^f,34$; 2° $2^f,60$ l'hectogramme.)

835. Le prix des places d'Orléans à Paris est :

Pour les premières.................	$13^f,55$
Pour les deuxièmes.................	10 ,15
Pour les troisièmes.................	8 ,45

On a délivré au bureau, dans une journée :

68 billets de premières,
187 billets de secondes,
469 billets de troisièmes.

Calculer la recette pour chaque classe et la recette totale.

Le lendemain, les premières ont produit..	$636^f,85$
— les deuxièmes	1096
— les troisièmes	3725 fr.

Combien a-t-il été délivré de billets de chaque classe?
(Rép. Pour le 1er jour : $921^f,40$; $1898^f,05$; $3963^f,05$; $6782^f,50$. Pour le 2e: on a délivré 47 billets de premières, 108 de secondes, 441 de troisièmes, avec une erreur de caisse de $1^f,45$.)

836. Un agriculteur a ensemencé en colza une pièce de terre de 12 hectares 3 ares 40 centiares; les frais de culture se sont élevés à 189f,50 par hectare; la terre est louée à raison de 22f,50 pour 42 ares; la récolte a été de 32 hectolitres $\frac{3}{4}$ par hectare, et on l'a vendue 19f,50 l'hectolitre. Quel est le bénéfice net de cette culture sur la pièce totale? (Rép. 4760f,09.)

837. Calculer le volume et le poids d'une poutre de chêne de 5m,40 de longueur, et de 0m,63 sur 0m,59 d'équarrissage*. La densité du chêne est 0,93. (Rép. 1° 2mc,007; 2° 1866kg,677.)

838. Un pré de forme rectangulaire de 180 mètres de longueur sur 109 mètres de largeur a produit 2000 bottes de foin. Combien le pré a-t-il produit de bottes par are? (Rép. 10 $\frac{2}{10}$.)

839. Un marchand achète une étoffe à raison de 85 centimes le mètre; il veut gagner 19 pour 100 du prix d'achat. 1° Combien doit-il vendre le mètre? 2° Combien un acheteur payera-t-il 9m,09? (Rép. 1° 1f,01 le mètre; 2° 9f,19.)

840. Une vigne de forme rectangulaire, de 197 mètres de longueur sur 98 mètres de largeur, a produit 109 poinçons** de vin de 225 litres chacun; ce vin a été vendu 17f,65 l'hectolitre; le fermage de la vigne est de 400 fr. l'hectare; les frais d'exploitation sont en tout de 783 fr.

On demande :

1° Le bénéfice net du vigneron;

2° Le produit en vin par are exprimé en décalitres;

3° Quel serait le revenu net de la propriété pour 100 de sa valeur, si le propriétaire l'avait fait valoir lui-même. La propriété est estimée 15 000 francs.

(Rép. 1° 2773f,42; 2° 12décal.,7; 3° 23f,63 pour 100 fr.)

841. Une mère et sa fille travaillent à une tapisserie; ensemble elles la termineraient en 15 jours; après y avoir travaillé toutes les deux pendant 6 jours, la fille seule achève la tapisserie en 36

---

* Taillé à angles droits.

** Ancienne mesure de capacité pour les vins. Elle variait d'une province à une autre.

jours. Combien chacune de ces personnes mettrait-elle de temps pour faire séparément cette tapisserie?

(Rép. 1° La mère seule ferait l'ouvrage en 20 jours; 2° la fille seule y emploierait 60 jours.)

842. Une institutrice veut ouvrir une école libre dans une commune : un ouvrier lui propose de lui faire un mobilier de classe pour 975 fr., en acceptant la condition de recevoir chaque année, jusqu'à parfait payement, les $\frac{5}{6}$ du produit de la rétribution scolaire après qu'on aura prélevé 300 fr. de loyer et 450 fr. pour les frais de nourriture et d'entretien de l'institutrice. La classe devant contenir 37 élèves, on demande à quel taux mensuel l'institutrice doit fixer les droits d'écolage pour avoir payé ce mobilier au bout de 7 ans. L'année scolaire est de 11 mois.

(Rép. A $2^f,25$.)

843. On a tapissé deux pièces de $3^m,20$ de haut avec du papier dont chaque rouleau a $0^m,50$ de large et $6^m,80$ de long; la seconde pièce a même longueur et même hauteur que la première, mais elle est plus large et elle a deux fenêtres au lieu d'une.

Les fenêtres de l'une et de l'autre pièce ont $1^m,15$ de large et $2^m,80$ de haut.

On demande de combien la seconde pièce est plus large que la première, sachant qu'il a fallu pour la tapisser 3 rouleaux $\frac{4}{5}$ de plus. (Rép. De $2^m,522$.)

844. On a loué un appartement au prix annuel de 900 francs payables par trimestres échus; le propriétaire laisse en outre à son locataire la faculté de s'acquitter en une seule fois, soit au commencement de l'année, soit à la fin, soit à toute autre époque de l'année, en ajoutant l'intérêt, à 6 p. 100, de la partie du loyer déjà due, et en prélevant l'escompte de la partie qui ne l'est pas encore.

On demande d'après cela : 1° la somme que le locataire devrait payer au commencement; 2° la somme qu'il devrait payer à la fin; 3° la date du jour de l'année où il devrait payer 900 francs juste.

(Rép. 1° Si le locataire paye comptant, il doit payer $866^f,25$;

2° s'il paye au bout de l'année, il doit $920^f,25$; 3° s'il veut payer 900 francs, il doit les payer au bout de 7 mois $\frac{1}{2}$.)

845. Une vache laitière, mise au piquet dans un pâturage, mange en moyenne en 24 heures l'herbe de 80 centiares; en 90 jours elle produit 1779 litres de lait contenant 64 kilogr. de beurre. Calculer: 1° la surface de pâturage nécessaire à la production d'un litre de lait; 2° la surface de pâturage nécessaire à la production d'un kilogramme de beurre.

(Rép. 1° Pour chaque litre de lait, il faut $4^{mq},05$; 2° pour chaque kilogramme de beurre, il faut 1^{are} $\frac{1}{8}$.)

846. Un train de chemin de fer marche pendant 8^h 57^m en parcourant 780 mètres par minute, puis pendant 2^h 25^m en parcourant 615 mètres par minute. Combien a-t-il parcouru de kilomètres en tout? (Rép. $508^{kilom},035$.)

847 Une ouvrière a fait en 11 jours $\frac{1}{2}$ une broderie de forme carrée dont chaque côté a 85 centimètres de longueur; le décimètre carré est payé 35 centimes. Calculer : 1° ce qu'elle recevra pour cette broderie ; 2° ce qu'elle gagne par jour.

(Rép. 1° $25^f,29$; 2° $2^f,20$.)

848. 4 ouvriers travaillant 7 heures par jour ont fait un ouvrage de $1713^m,60$ au bout de 12 jours. Combien en feront 6 ouvriers travaillant 9 heures par jour pendant 17 jours?

(Rép. $4681^m,80$.)

849. 4 personnes se sont partagé une somme d'argent : la première a eu $\frac{1}{4}$ de cette somme, la deuxième $\frac{1}{5}$, la troisième $\frac{1}{7}$; enfin la quatrième, qui a eu le reste pour sa part, a touché $105^f,74$. Calculer la somme totale et la part de chaque personne.

(Rép. 1° $259^f,71$; 2° $64^f,93$; 3° $51^f,94$; 4° $37^f,10$; 5° $105^f,74$.)

850. On emploie 145 mètres d'une étoffe ayant $\frac{5}{4}$ de mètre de largeur, pour faire des robes d'uniforme aux 25 élèves d'un pensionnat; deux ans plus tard, on change l'uniforme, et le pensionnat a 7 élèves de plus. Calculer : 1° la longueur de la nouvelle étoffe, dont la largeur est seulement de $\frac{5}{6}$ de mètre; 2° le prix de cet achat à raison de 5f,25 le mètre. (Rép. 1° 278m,40; 2° 1461f,60.)

851. Un particulier qui a mis des fonds dans une entreprise reçoit, au bout de 5a 2m, 192 000 francs, capital et bénéfice compris, le bénéfice est les $\frac{2}{5}$ du capital. Calculer : 1° le capital; 2° le bénéfice; 3° le taux de l'intérêt.

(Rép. 1° 137 142f,86; 2° 54 857f,14; 3° 7f,74 p. 100 francs par an.)

852. Un ouvrier dépense 2f,75 par jour; il travaille 26 jours par mois, et au bout de chaque année il économise 198f,35. Combien gagne-t-il par jour? (Rép. 3f,85.)

853. Une lampe éclairant autant que deux bougies brûle 275 grammes d'huile en 19 heures; une bougie dure 8 heures; un kilogramme d'huile coûte 1f,15 et 5 bougies coûtent 1f,60. 1° Quel est le plus économique? 2° Combien coûtera l'éclairage à la lampe pendant un mois de 30 jours, à raison de 6h $\frac{3}{4}$ par jour?

(Rép. 1° L'éclairage à la lampe est 5 fois plus économique que l'éclairage à la bougie; 2° cet éclairage coûtera 3f,36 par mois.)

854. Une personne qui fait à un parent une pension viagère de 150 francs par an paye 160 francs de loyer et d'impositions, dépense 1f,50 par jour, et, avec le reste de son revenu, achève de payer en 5 ans une terre de la valeur de 3500 francs, sur laquelle elle a déjà donné 1537f,50. Quel est son revenu?

(Rép. 1250 francs.)

855. Un marchand a acheté 98 barriques de sucre à 67f,30 et à 8 mois de crédit, mais avec un escompte de 6 p. 100 par an, s'il paye comptant. Quelle somme déboursera-t-il, sachant qu'on lui accorde 6 p. 100 de tare? (Rép. 5951f,69.)

856. Quel est le capital que représente une rente de 170 francs en 4 $\frac{1}{2}$ p. 100 au cours de 92f,50? Quelle sera l'augmentation que recevra le capital, si le cours de la rente s'élève à 95 francs? à 97 francs? à 100 francs? ou bien, en d'autres termes, quel bénéfice réalisera le prêteur, s'il revend ses titres de rente au cours de 95, de 97 ou de 100 francs? (Rép. 1° $3494^{f},44$; 2° $94^{f},45$; 3° 170 francs; 4° $283^{f},34$.)

857. La dépense d'un ménage s'est élevée en 9 mois et 17 jours à $3845^{f},50$. De combien faut-il diminuer la dépense de chaque jour pour que la dépense totale de l'année ne dépasse pas 4000 francs?
(Rép. Il faut diminuer la dépense de $2^{f},21$ par jour.)

858. Une montre marque $1^{h}\,25^{m}\,15^{s}$ le 1er janvier à midi; le 28 janvier à $7^{h}\,17^{m}\,44^{s}$ du soir, elle marque $9^{h}\,17^{m}\,36^{s}$. De combien avance-t-elle par jour?
(Rép. La montre avance de $1^{m}\,16^{s},07$ par jour.)

859. Une personne achète au prix de $9^{f},06$ le stère trois tas de bois, le premier de 15 stères $\frac{3}{4}$, le second de 12 stères $\frac{3}{8}$, et le troisième de 16 stères $\frac{2}{3}$; elle a brûlé 2 décastères $\frac{5}{6}$ à raison de $\frac{3}{8}$ de stère par jour. 1° Combien de jours durera encore le bois qui reste? 2° Quelle en est la valeur? 3° Combien, avec ce bois convenablement coupé, pourra-t-on remplir de caisses d'une contenance de 2 hectolitres 50 litres?
(Rép. 1° $43^{j}\,\frac{8}{9}$; 2° $149^{f},11$; 3° 65 caisses $\frac{5}{6}$.

860. Un individu avait acheté un terrain de $14^{ares},9$. Il en a conservé une partie et vendu le reste par petites portions, savoir : 340 mètres carrés à raison de $7^{f},50$ le mètre carré; 408 mètres carrés à raison de $5^{f},40$ le mètre carré; une troisième portion pour 1326 francs, à raison de 6 francs le mètre carré. Il se trouve avoir fait un bénéfice qui, indépendamment de la portion qui lui reste, s'élève à 2 p. 100 du prix total de l'achat. 1° Quel était ce dernier? 2° Combien le propriétaire avait-il acheté le mètre carré? 3° Combien devrait-il vendre la fraction qu'il a conservée pour porter son bénéfice à 30 pour 100 du prix d'achat?
(Rép. 1° 5960 francs; 2° 4 francs; 3° $1668^{f},80$.)

861. On veut drainer un champ rectangulaire de 120 ares ayant 130 mètres de long, avec des tuyaux de 35 centimètres de long, qui coûtent $1^{f},90$ le cent. Calculer 1° le nombre; 2° le prix de ces

uyaux qui doivent être placés dans le sens de la longueur, sachant que les lignes de drains sont écartées de 10 mètres, que la première ligne est à 5 mètres du bord du chemin, et qu'il y a 3 p. 100 de déchet dans l'emploi des tuyaux.
(Rép. 1° 3447; 2° 65f,49.)

862. On a 250 litres de vin à 80 centimes le litre; on veut y mêler du vin d'une qualité inférieure valant 55 centimes le litre. Combien faut-il introduire de litres du dernier vin pour que le mélange revienne à 72 francs l'hectolitre?
$\left(\text{Rép. } 117\ \frac{65}{100}.\right)$

863. Un hectolitre de seigle pèse 72 kilogr. et l'on a retiré d'une terre 2648 kilogr. de grain. Calculer la contenance de cette terre, sachant que le rendement moyen est de 17 hectolitres 5 décalitres de seigle par hectare. (Rép. 2hectares,1016.)

864. On achète pour 12 548f,35 un terrain de 2 hectares 45 centiares; on fait 748f,85 d'améliorations. A quel prix faut-il revendre l'are pour avoir sur l'opération un bénéfice net de 2000 francs?
(Rép. 76f,31.)

865. Un père a laissé à ses enfants 12 actions de chemin de fer; le partage doit être fait proportionnellement aux nombres $\frac{2}{3}$, 1, $\frac{3}{5}$. Quelle est la part de chacun pour une jouissance de 9m 10j, le dividende étant de 24f,55 par semestre pour chaque action?
(Rép. 1° 134f,78; 2° 202f,17; 3° 121f,30.)

866. Un lingot d'argent, au titre de 0,920, pèse 1k,5025. 1° Quel poids de cuivre faut-il ajouter à ce lingot pour avoir l'alliage monétaire? 2° Combien pourra-t-on fabriquer de pièces de 1 franc? (Rép. 1° 152g,949; 2° 331 pièces de 1 franc, et il restera 449 milligrammes.)

867. Une compagnie agricole a dépensé 1 578 600 francs pour l'acquisition d'une terre inculte dont la superficie est celle d'un carré ayant 1 myriamètre 2 kilomètres et 75 mètres de côté; les frais de défrichement et de mise en état de culture, y compris l'intérêt du capital pendant le temps consacré à ces travaux, se sont élevés à 291f,50 par hectare; à la fin de la première année d'exploitation, chaque actionnaire a reçu, avec l'intérêt à 5 p. 100 de la somme engagée, un dividende de 3 $\frac{1}{4}$ p. 100. Quelle a été pour cette année la valeur du produit de la terre par hectare, les frais de culture ayant été de 231 francs? (Rép. 263^{f},98.)

868. La densité d'un métal est 19,5. 1° Quel est en centimètres cubes le volume d'une masse de ce métal du poids de 4^{k},075? 2° Quelle sera la superficie d'une plaque ayant 1 millimètre d'épaisseur, que l'on veut faire avec cette masse de métal?

(Rép. 1° 208^{cmc},974; 2° on pourra faire une plaque de 208974 millimètres carrés sur 1 millimètre d'épaisseur.)

869. Deux wagons partent en même temps de la même station et se dirigent en sens contraire; leurs vitesses sont respectivement de 44 et de 64 kilomètres par heure. 1° Au bout de combien de temps les deux wagons seront-ils éloignés l'un de l'autre de 480 kilomètres? 2° Quelle sera alors la distance de chacun au point de départ?

(Rép. 1° 4^{h} 26^{m} 40^{s}; 2° le 1er sera à 195556 mètres du point de départ et le 2e à 284444.)

870. Un vase vide pèse 11^{k},65; si on le remplit d'un liquide pesant 1 fois $\frac{1}{2}$ autant que l'eau sous le même volume, son poids s'élève à 16^{k},33. Quelle est la capacité de ce vase?

(Rép. 3^{lit},12.)

871. Un marchand achète du bois à raison de 28 fr. le stère pesant 630 kilogr.; il dépense 35 centimes par stère pour le sciage, et revend ce bois au détail à raison de 2^{f},75 les 50 kilogr. Combien gagne-t-il pour 100 sur ses déboursés? (Rép. 22^{f},22.)

872. Le vin contenu dans un tonneau dont la capacité est celle d'un cube de 55 centimètres de côté a été acheté 157^{f},70. Combien faudra-t-il vendre le litre de ce vin pour faire un bénéfice de 15 pour 100 sur le prix d'achat? (Rép. 1^{f},09.)

873. Pour 20 fr. on peut faire poser 52 pavés à Paris, et 12 de ces pavés ont une surface égale aux $\frac{2}{3}$ d'un mètre carré. 1° Quel sera le nombre de pavés nécessaires pour paver une rue de 8^{m},50 de largeur sur 11^{m},80 de longueur? 2° Quelle sera la dépense pour le pavage de cette rue? (Rép. 1° 1805^{pavés},4; 2° 694^{f},38.)

874. Un canal dégorge 1000 mètres cubes en une heure; la coupe de ce canal ou l'ouverture du dégorgement a 2^{m},50 de largeur et 1^{m},25 de hauteur. En portant la hauteur à 1^{m},95, quelle largeur faut-il lui donner pour opérer le même dégorgement? (Rép. 1^{m},603.)

875. Une compagnie a acheté pour 900 500 fr. un terrain dont la superficie est égale à celle d'un carré ayant 3 kilomètres 25 mètres de côté; les frais divers augmentés de l'intérêt du capital engagé se sont élevés à 210 fr. par hectare; le terrain a été revendu par parcelles avec un bénéfice de 80 pour 100 de la dépense totale. Quel a été le prix de vente du mètre carré de ce terrain? (Rép. 21 centimes $\frac{1}{2}$.)

876. Une usine produit 2000 kilogr. de fonte par jour; le prix de revient de cette fonte est de 15 fr. les 100 kilogr. Quel doit être le prix de vente, si, au bout de l'année, on veut réaliser un bénéfice de 10 000 fr.? (Rép. 16^{f},37 les 100 kilogrammes.)

877. Cinq hommes sont occupés à battre du blé dans une grange; chacun d'eux peut battre par jour 80 gerbes; chaque gerbe fournit en moyenne 3 litres de grain; la journée de chaque homme est fixée à 2^{f},50; le travail terminé, on a obtenu 150 hectolitres de grain. Calculer : 1° le nombre des journées de travail; 2° le nombre de gerbes battues par chaque homme; 3° le salaire de chacun, sachant que le maître retient $\frac{1}{26}$ du salaire pour le déposer à la caisse d'épargne. (Rép. 1° 12^{j} $\frac{1}{2}$; 2° 1000 gerbes; 3° 30^{f},05.)

878. On doit diviser en trois parts 280 hectolitres 25 litres de vin; la plus petite part et la moyenne doivent être respectivement les $\frac{7}{8}$ et les $\frac{15}{16}$ de la plus forte. Quelle est en litres chacune des parts? (Rép. 1° 8718^{li},89; 2° 9341^{li},67; 3° 9964^{li},44.)

879. Un agriculteur et sa famille consomment 1^{k},8 de pain par jour. Quelle étendue de terrain doit-il consacrer à la culture du blé pour suffire à cette consommation?

Il faut 5 ares pour produire un hectolitre de blé, qui pèse 75 kilogr.; en faisant moudre son blé, l'agriculteur dont il s'agit en fait retirer $\frac{1}{10}$ par le blutage, et il faut 3 kilogr. de farine pour 4 kilogr. de pain? (Rép. 36 ares 1/2.)

880. On a acheté un champ de 223 ares à raison de 3060 fr. l'hectare; ce prix, augmenté de certaines dépenses accessoires, donne 7963f,50 pour la dépense totale de l'acquisition; d'ailleurs le produit brut de la récolte a été de 1187f,38, et la dépense d'exploitation de 603f,35.

On demande : 1° De combien pour 100 le prix d'achat a-t-il été augmenté par les dépenses accessoires, pour s'élever à 7963f,50; 2° Quel est le rapport du revenu net au capital dépensé.

(Rép. 1° Les dépenses accessoires ont augmenté le prix d'achat de 16f,70 pour 100 fr. 2° Le revenu a été de 7f,33 p. 100 fr.)

881. Convertir $\frac{4}{7}$ de mètre carré en décimètres carrés, centimètres carrés et millimètres carrés. (Rép. 57dq 14cq 28mmq $\frac{1}{2}$.)

882. Combien coûtent 100 kilogrammes de liége, à raison de 100 fr. le mètre cube? Le liége pèse 4 fois moins que l'eau.

(Rép. 40 francs.)

883. Le nombre de kilomètres de fils télégraphiques établis en France est actuellement de 93 600; ces fils ont 13 millimètres carrés de section. 1° Quel est leur poids, sachant que la densité du fer est 7,788? 2° Quelle est leur valeur, sachant que le kilogramme de fil de fer coûte 75 centimes?

(Rép. 1° 9 476 438kg,4; 2° 7 107 328f,80.)

884. La superficie de la France est d'environ 53 millions d'hectares $\left(\frac{1}{1000}\right.$ de celle du globe$\left.\right)$; $\frac{1}{7}$ à peu près est cultivé en blé; l'hectare rapporte en moyenne 13 hectolitres de blé, et on suppose que chaque habitant en consomme 243 litres par an. Calculer 1° la production annuelle de la France en blé; 2° le nombre des habitants qu'on pourrait nourrir avec cette quantité de blé. (1870.)

(Rép. 1° 98 millions d'hectolitres; 2° 40 500 000, à peu près.)

885. On a fondu $2^k,25$ d'un métal qui ont coûté en tout $43^f,50$ avec $5^k,6$ d'un autre métal qui ont coûté 27 fr. Quel sera le prix d'un kilogramme de cet alliage, en supposant 2 pour 100 de déchet? On sait en outre que la fabrication de cet alliage a coûté 12 fr. (1872.) (Rép. $10^f,72$.)

886. Une personne fait un héritage de 200 000 fr.; elle emploie une partie de cette somme à l'achat d'une maison d'habitation et place les $\frac{4}{5}$ du reste à 5 pour 100 par an; enfin, avec l'autre cinquième, elle achète des obligations du chemin de Lyon; chaque obligation lui coûte 330 fr. et rapporte 15 fr. par an.

Sachant que cette personne se fait ainsi 6237 fr. de revenu, on propose de calculer :

1° Le capital placé à 5 pour 100;
2° Le nombre d'obligations achetées
3° Le prix de la maison.

(Rép. 1° 101 640 fr.; 2° 77; 3° 72 950 fr.) (1872.)

887. Un négociant a employé à l'achat d'une maison les $\frac{4}{5}$ de son bénéfice pendant 15 ans; il donne en payement, pour à-compte : 1° le produit de la vente de 675 fr. de rente 3 pour 100 au cours de $65^f,50$; 2° la valeur actuelle d'un billet de 5000 fr. payable dans six mois, et qu'il escompte à 5 pour 100; 3° $40\,387^f,50$ en argent. Après avoir payé cet à-compte, il redoit encore les $\frac{7}{12}$ du prix de son acquisition. On demande : 1° son bénéfice annuel; 2° le montant de la dette qu'il a contractée.

(Rép. 1° 12 000 fr.; 2° 84 000 fr.)

888. Une personne possède un certain capital. Elle achète une maison 150 000 fr., et elle paye pour les frais d'acquisition 10 500 fr. Chaque année elle aura à payer, pour impôts et frais divers, 3 500 fr. Les loyers lui rapportent 12 500 fr. En outre, elle achète avec ce qui lui reste 25 actions de chemin de fer au prix de 495 fr. l'une; le revenu annuel de chacune est $28^f,75$. On demande : 1° son revenu; 2° le capital qu'elle a dépensé; 3° le taux moyen auquel elle a placé son argent. (1.72). (Rép. 1° Revenu : 9718f,75; 2° capital : 172 875 fr.; 3° taux : 5f,62 pour 100 fr.)

889. Deux négociants s'étant associés pour deux ans ont fait un bénéfice de 60 000 fr. L'un a mis 12 000 fr. au commencement de la société, puis a retiré 5000 fr. au bout de quinze mois; cinq mois plus tard, il a ajouté à sa mise 2500 fr. L'autre a mis 16 000 fr. neuf mois après le commencement de la société, et neuf mois plus tard a ajouté 1000 fr. On demande le bénéfice de chacun à raison de ses mises et du temps pendant lequel elles sont restées dans le commerce. (1872.)
(Rép. le 1er, 30 420f,84; le 2e, 29 579f,16.)

890. Calculer le volume et la densité du franc. (1870.)
(Rép. 1° 0cmc, 41 548; 2° 12,03....)

CINQUIÈME PARTIE.

SALLES D'ASILE.

PROGRAMME D'EXAMEN

POUR LE CERTIFICAT D'APTITUDE

A LA DIRECTION DES SALLES D'ASILE.

EXAMEN THÉORIQUE.

ÉPREUVES ÉCRITES. — 1° Dictée d'orthographe; 2° Écriture (celle de la dictée); 3° Calcul et système métrique (notions usuelles); 4° Dessin au trait sur l'ardoise.

TRAVAUX A L'AIGUILLE. — Comprenant surtout des ouvrages de couture usuelle.

ÉPREUVES ORALES. — 1° Catéchisme et histoire sainte; 2° Lecture; 3° Éléments de géographie. — Géographie de la France; 4° Chant.

EXAMEN PRATIQUE.

L'examen pratique a lieu dans une salle d'asile préalablement désignée, où les aspirantes ont le droit d'aller assister aux exercices deux ou trois jours à l'avance.

Pour cette épreuve, chaque aspirante doit tour à tour diriger la salle d'asile comme directrice pendant une séance, et comme sous-directrice pendant une autre séance.

L'épreuve embrasse la surveillance des enfants aux préaux couvert et découvert et les exercices de la classe, qui se composent des exercices aux bancs et des exercices aux gradins.

Les exercices aux bancs comprennent la lecture aux cercles et les exercices sur les ardoises.

Les exercices du gradin, laissés aux choix des aspirantes, doivent comprendre au moins :

Quelques petites instructions religieuses,

Un récit de l'histoire sainte,

Des exercices sur le boulier-compteur,

Une courte leçon sur des choses usuelles,

Le récit d'une histoire enfantine,

Une leçon de chant.

Observations. — La Commission se réunit chaque année, le 15 février et le 15 juillet.

Les pièces à produire pour l'inscription sont :

1° L'acte de naissance légalisé, et, si l'aspirante est mariée, l'acte de mariage ;

2° Des certificats attestant la moralité de l'aspirante et indiquant les lieux où elle a résidé et les occupations auxquelles elle s'est livrée depuis cinq ans au moins.

Les inscriptions sont reçues de 11 heures à 3 heures à la Préfecture de la Seine, bureau de l'Instruction publique (Grand Luxembourg).

SALLES D'ASILE

(Modèles de compositions)

891. 485 grammes de bougie coûtent $1^f,75$. Combien coûterait le kilogramme? (Rép. $3^f,60$.)

892. On a acheté pour une salle d'asile $248^m,40$ d'indienne à $2^f,95$ le mètre, et l'on a obtenu du marchand une remise de 2 pour 100 sur le montant de la facture.

1° Combien aura-t-on à payer?

2° Combien fera-t-on de robes d'enfant avec cette indienne, à raison de $3^m,45$ par robe? (Rép. 1° $718^f,12$; 2° 72.)

893. On a employé pour faire des confitures : 98 kilogrammes 60 décagrammes de sucre à $1^f,95$ le kilogramme; 106 kilogrammes 25 décagrammes de groseilles à $0^f,80$ le kil.; du combustible pour $5^f,50$; on a obtenu 125 kilogrammes 75 décagrammes de confitures. A combien revient le kilogramme de ces confiture

(Rép. A $2^f,24$.)

894. Le devis du mobilier d'une salle d'asile s'élève à la somme de 3702 francs 86 centimes; on obtient 9 pour 100 de rabais. Combien coûtera le mobilier scolaire? (Rép. $3369^f,60$.)

895. Un marchand fait confectionner des pantalons d'enfants; on emploie pour chacun de ces pantalons 65 centimètres d'étoffe à $1^f,75$ le mètre; chaque pantalon coûte 75 centimes pour la façon et les fournitures, et le marchand veut gagner 1 franc par pantalon. Quel en doit être le prix? (Rép. $2^f,89$.)

896. On a acheté trois pièces d'étoffe à raison de $2^f,15$ le mètre, et contenant : la première, $32^m,35$; la seconde, $46^m,7$; la troisième, $28^m,09$. 1° Quel a été le prix d'achat? 2° Avec la totalité du drap combien fera-t-on de blouses d'enfant, à raison de 2 mètres par blouse? Combien pourrait-on faire de blouses au prix de 2 francs la blouse?

(Rép. 1° $230^f,35$; 2° 53 blouses, avec $1^m,14$ de reste pour raccommodage; 3° 115 blouses, avec 35 centimes de reste.)

897. En 1860, la ville de Paris a dépensé 360 088 francs pour les salles d'asile communales du département de la Seine, fréquentées par 15 819 enfants. Calculer la dépense par enfant.
(Rép. 22^{f},76.)

898. Une suppléante dans les salles d'asile a été employée pendant 283 jours, à raison de 3 francs par jour; elle a dépensé en moyenne 1^{f},75 par jour? Quelle économie a-t-elle réalisée?
(Rép. 353^{f},75.)

899. On a nourri pendant un jour 79 enfants d'une salle d'asile avec 85 kilogrammes de pain à 42 centimes le kilogramme, et 18 kilogrammes de viande à 1^{f},25 le kilogramme. Quelle a été la dépense totale? A combien revient la dépense par enfant?
(Rép. 1° 58^{f},20; 2° 74 centimes.)

900. A combien revient une salade composée d'une laitue à 2 centimes, de 25 grammes d'huile à 1 fr. 40 le demi-kilogr., de 1 centilitre et quart de vinaigre à 80 centimes le litre, de poivre et de sel pour 1 centimes? (Rép. A 11 centimes.)

901. Le volume de l'eau contenue dans un réservoir est de 87^{mc},675. Quelle est la capacité de ce réservoir? Quel est le poids de cette masse d'eau? (Rép. 1° 87 675 litres; 2° 87 675 kilogr.)

902. Une jeune fille a le choix entre deux étoffes pour s'acheter une robe: la première a 78 centimètres de largeur et coûte 2^{f},45 le mètre; la deuxième a 1 mètre 12 centimètres de largeur et coûte 3^{f},25 le mètre. S'il fallait 12^{m},54 d'étoffe pour faire la première, combien faudrait-il de mètres pour faire la seconde? Quelle sera la différence des prix de ces deux robes?
(Rép. 1° 8^{m},73; 2° 2^{f},35.)

903. On taille 18 tabliers d'enfant dans une pièce d'étoffe de 9 mètres de longueur; chaque tablier exige 0^{m},40 carrés. On demande la largeur de la pièce d'étoffe. (1872.)
(Rép. 80 centimètres.)

904. Pour faire de la limonade, on emploie : 2 litres d'eau, 4 citrons à 10 centimes pièce et 125 gr. de sucre à 80 centimes le demi-kilogramme. On vend cette limonade à raison de 5 centimes le verre, contenant 8 centilitres, et en la détaillant il y a un déchet de deux verres. Quel sera le bénéfice du marchand?
(Rép. 55 centimes.)

905. On remet à une directrice de salle d'asile une somme de 150 francs pour acquisition de chaussures et de vêtements.

Elle achète : 15 paires de galoches à $2^f,75$ la paire;
19 tabliers à $1^f,50$ chacun;
28 blouses à $1^f,75$ chacune.

Combien, avec ce qui lui reste, pourra-t-elle fournir de portions de nourriture à ses élèves les plus pauvres, chaque portion revenant à 8 centimes $\frac{1}{2}$? (1873.)

(Rép. 367 portions, avec un reste de $5^c \frac{1}{2}$.)

906. Combien y a-t-il d'hectares, d'ares et de centiares, dans 320 000 mètres carrés? (1873.)

(Rép. 1° 32 hectares; 2° 3200 ares; 3° 320 000 centiares.)

SIXIÈME PARTIE.

EXAMENS DIVERS.

907. 1° On demande la correspondance qui existe entre les volumes et les poids des quantités égales d'eau pure.

2° Calculer le prix d'une terre de 3 hectares et 5 ares, sachant qu'elle a été vendue à raison de 35 centimes le mètre carré. (Boursiers, 1869.)

(Rép. 1° Le millimètre cube d'eau pure pèse 1 milligramme ;
Le centimètre cube pèse 1 gramme ;
Le décimètre cube pèse 1 kilogramme ;
Le mètre cube pèse 1 tonne ;
2° 10 675^{f}.)

908. Un terrain a sur la rue une étendue de $67^{m},25$; à gauche, il est limité par une oblique aboutissant à l'extrémité d'une perpendiculaire à la façade, située à 7^{m} de l'extrémité, cette perpendiculaire ayant $12^{m},35$ de longueur ; à droite, il est limité par une oblique aboutissant à l'extrémité d'une perpendiculaire à la façade située à $8^{m},30$ de l'extrémité, cette perpendiculaire ayant $18^{m},50$ de longueur ; au fond, il est limité par une droite qui aboutit aux extrémités des deux mêmes perpendiculaires. Quelle est la superficie de ce terrain ? (Rép. $921^{mq},32875$.)

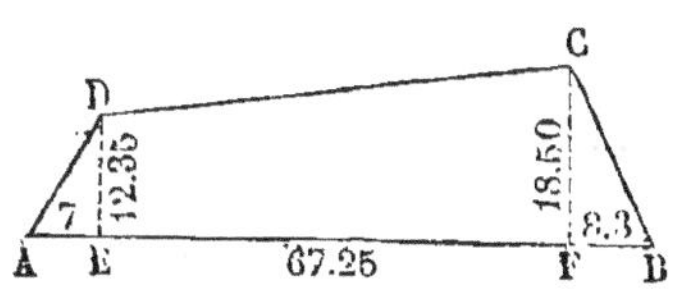

909. Deux locomotives partent en même temps, l'une de Paris avec une vitesse de 40 kilomètres par heure, et l'autre de Lunéville avec une vitesse de 32 kilomètres par heure ; la distance de Paris à Lunéville est de 386 kilomètres. On demande au bout de combien de temps et à quelle distance de leurs points de départ respectifs les locomotives opéreront leur croisement. (Boursiers, 1872.)

(Rép. Au bout de $5^h 21^m$; à 214^k de Paris; à 172^k de Lunéville.)

910. Un piéton fait 550 pas pour parcourir la diagonale d'une place publique ayant une forme carrée. Quelle est la longueur du côté de cette place, sachant que la longueur du pas du piéton est en moyenne de 78 centimètres? (Boursiers, 1872.)

(Rép. 303^m,35.)

911. On prête 5848 francs, somme dans laquelle se trouve compris l'intérêt pour un an à raison de 5 pour 100. Combien faut-il rembourser au bout de huit mois? (Boursiers, 1870.)

(Rép. 5752^f,13.)

912. En admettant qu'une pièce de 20 francs ait 0^m,021 de diamètre, que son épaisseur soit de 0^m,001 375, et que son poids soit de 6^{gr},45161, répondre aux questions suivantes : 1° Quelle longueur en kilomètres occuperait la rançon de 5 milliards que nous avons payée à la Prusse, composée de pièces de 20 francs disposées en ligne droite à la suite les unes des autres de manière à se toucher? 2° Quelle serait la hauteur de la colonne que l'on obtiendrait en empilant toutes ces pièces les unes sur les autres? 3° Quelle surface en hectares, ares et centiares, occuperait cette somme, si les pièces étaient disposées de manière à se toucher? 4° Quelle serait la longueur du côté du plus grand carré qu'on pourrait former en plaçant ces pièces à côté les unes des autres sans les fractionner? 5° Quel serait le poids de la somme entière?

(Rép. 1° 5250 kilomètres; 2° 343 750 mètres; 3° 11 hectares 2 ares 50 centiares; 4° 15 811 pièces, ou 332^m,031 avec 12 279 pièces de reste; 5° 1612 902^k,5.)

913. Une personne a acheté une maison 143 675 francs et a payé 152^f,35 pour les frais (notaire, enregistrement, etc.). Chaque année elle paye pour impôts et frais de toute nature 3675 francs; les loyers lui fournissent une somme de 10985 francs; elle a acheté 25 actions au prix de 495 francs l'une, lui donnant chacune un revenu de 28^f,75; puis 50 actions au prix de 925 francs l'une, lui donnant chacune un revenu de 52^f,25. 1° Quel est son revenu total? 2° Quel est le capital qu'elle a dépensé? 3° A quel taux en moyenne a-t-elle placé son capital?

Rép. 1° 10 581^f,25; 2° 202 452^f,35; 3° 5^f,22 pour 100.)

914. Un bassin est plein d'eau et il est en outre alimenté par une fontaine qui y verse 80 litres par heure. Pour le vider, on fait agir simultanément deux pompes qui le vident en 3 heures. La première seule le viderait en 8 heures, et la seconde en 6 heures. Quelle est la capacité du bassin ? (Rép. 1920 litres.)

915. Un père de famille ayant un fils et deux filles laisse en mourant une fortune qui se compose ainsi :

1° Une maison estimée 100 000 fr.;

2° 3500 fr. de rentes 3 pour 100 dont le cours à l'époque de l'héritage est 65 fr.;

3° 30 000 fr. qu'il a avancés à son fils en le mariant;

4° 30 000 fr. qu'il a donnés en dot à sa fille aînée.

Par son testament, il lègue la partie dont la loi lui permet de disposer, c'est-à-dire le quart de l'héritage, savoir : les $\frac{2}{3}$ à sa veuve, et le tiers restant à ses deux neveux, par portions égales.

Le surplus de sa fortune doit être partagé par portions égales entre ses trois enfants.

On demande la somme à recevoir par chaque héritier.

(Rép. La veuve : 39 305^{f},55 ;
Chaque neveu : 9826^{f},39 ;
Le fils : 28 958^{f},33 ;
La fille aînée : 28 958^{f},33;
La deuxième fille : 58 958^{f},33.)

916. Le port d'une lettre allant d'un point à un autre de France ou d'Algérie est de 70 cent. pour 50 gr., plus 50 cent. pour chaque 50 gr. ou fraction de 50 gr. excédant, lorsqu'elle est affranchie. Dans le cas contraire, c'est 1 fr. pour 50 gr., plus 75 cent. pour 50 gr. ou fraction de 50 gr. excédant.

On expédie une lettre pesant 70 gr., en y apposant 70 cent. de timbres-poste ; on demande combien le destinataire aura à payer, sachant qu'une lettre dont l'affranchissement est insuffisant est taxée comme non affranchie, en déduisant le prix des timbres employés. (Rép. 1^{f},05.)

917. Le 15 janvier 1860, on a emprunté 30 000 fr. à 5 pour 100 d'intérêts, payables par semestre les 15 juillet et 15 janvier. On paye des à-compte à époques irrégulières, savoir : 8000 fr. le 15 septembre 1861 ; 5500 fr. le 20 juillet 1863 ; 12 400 fr. le

13 mars 1867 ; 4100 le 10 octobre 1869. Combien doit-on payer le 15 janvier 1872 pour s'acquitter de la dette en capital et intérêts?

N. B. Lorsqu'on paye un à-compte, il doit être imputé sur les intérêts *échus*, et le surplus seulement sur le capital.

(Rép. 11 365 fr.)

918. La distance d'une ville à une autre est de 167 kilom. A $8^h\,10^m$, un train de chemin de fer part de la première pour la seconde avec une vitesse de 41 kilom. par heure; un autre doit partir à $9^h\,20^m$ avec une vitesse de 49 kilom. par heure. A $8^h\,40^m$ on expédie un train. Quelle vitesse doit-il avoir pour qu'il ait le moins de chances possibles de rencontrer l'un des deux autres trains? (Rép. $43^k,7$ par heure.)

919. On veut imprimer un manuscrit composé de 535 pages, contenant chacune 24 lignes de 36 lettres en moyenne. Combien y aura-t-il de feuilles d'impression? Chaque feuille d'impression se compose de 16 pages, contenant chacune 32 lignes de 54 lettres; de plus, il y aura 6 pages occupées par les blancs, titres et faux-titre. $\left(\text{Rép. } 17\,\frac{1}{8}.\right)$

920. On a 1352 arbres qu'on veut planter en carré ; le carré qu'on obtient étant incomplet, combien manque-t-il d'arbres pour le compléter? (Rép. 17.)

921. Un spéculateur a le choix entre deux projets :

Le premier consiste à acheter un terrain de 22 mètres de large sur 19 mètres de profondeur, à 150 fr. le mètre carré, et à élever sur ce terrain une maison, composée de caves, sous-sol, rez-de-chaussée et 4 étages au-dessus. Le tiers du terrain est réservé pour une cour. La construction coûterait 110 fr. le mètre carré par étage; les fondations, les caves et le toit, comptent pour un ; le sous-sol et le rez-de-chaussée pour deux.

Les murs, les escaliers, paliers et corridors, occupent $\frac{1}{7}$ de la surface bâtie, et le surplus se loue en moyenne 12 fr. le mètre carré par étage ; le rez-de-chaussée et le sous-sol comptent pour deux.

Le second projet consiste à acheter, dans un quartier plus

riche, un terrain de 25 mètres de large sur 20 mètres de profondeur, à raison de 600 fr. le mètre carré.

Les autres conditions sont les mêmes que dans le premier projet, excepté que les loyers sont doubles et que la construction coûte 15 fr. de plus par mètre carré et par étage, par suite de la plus grande exigence des locataires.

Quel est le projet le plus avantageux, et combien chacun rapporte-t-il pour 100 fr. du capital employé ?

(Rép. Le deuxième est plus avantageux ; il rapporte $6^{f},95$ pour 100 ; le premier, $6^{f},20$ seulement.)

922. On voudrait fabriquer une barrique aussi petite que possible, mais qu'on pût emplir complétement avec un nombre exact de bouteilles de chacune des capacités suivantes : $0^{l},64$; $1^{l},50$; 2^{l} ; $3^{l},50$. Quelle devra être la capacité de cette barrique, et combien contiendra-t-elle de bouteilles de chaque sorte ? (Concours pour les bourses au collége Chaptal, 1874.)

(Rép. 336 litres ; 525 ; 224 ; 168 ; 96.)

923. Une montre, mise à l'heure à $5^{h}\frac{1}{2}$ du matin, avance régulièrement de $2^{m}\frac{1}{4}$ par 24 heures. Quelle heure marquera-t-elle le lendemain à 7 heures du matin ? (Rép. $7^{h}\ 2^{m}\ 23^{s}$.)

924. Deux circonférences se coupent à angle droit ; trouver la distance des centres et la corde commune, sachant que les deux rayons sont de 3 mètres et de 4 mètres. (Concours d'admission à l'école normale de Cluny, 1874.)

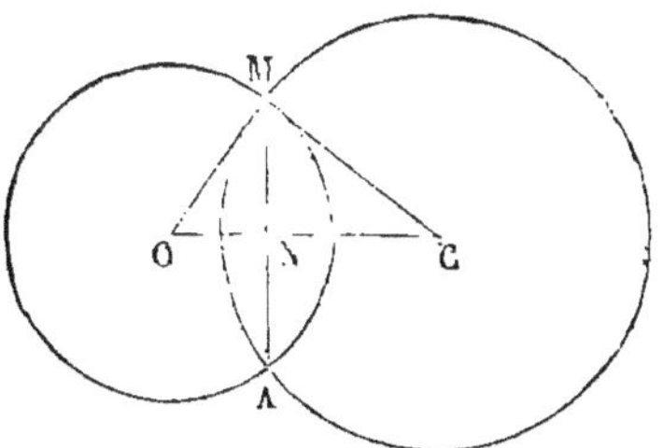

(Rép. 5 mètres ; $4^{m},8$.)

925. Dans une ville où les terrains valent 50 francs le mètre carré, on a à évaluer le prix d'un terrain de forme rectangulaire d'environ 300 mètres de long sur 200 mètres de large. On demande avec quelle précision on doit mesurer les côtés pour être en éta de calculer le prix de ce terrain sans commettre une erreur de plus de 500 fr. (Concours d'admission à l'école normale de Cluny, 1874.) (Rép. à 0,01 près.)

926. Deux personnes possèdent un même apital : l'une achète de la rente 3 pour 100; au bout de chaque semestre, elle emploie le revenu à acheter encore de la rente 3 pour 100; au bout de 2 ans elle vend les rentes qu'elle possède; le cours de la rente, qui était d'abord de 75f,40, s'est élevé de 1f,50 par semestre.

L'autre a placé son argent à 6 pour 100 et chaque semestre elle a placé son revenu au même taux.

Quel est celui des deux placements qui est le plus avantageux? (Rép. C'est le premier : il produit 382f,69 de plus au bout de deux ans, en supposant que la somme placée soit 10 000 francs.)

927. L'ensemencement d'un terrain a exigé pour 155f,40 d'orge valant 18f,50 le quintal; on a employé pour chaque hectare 15 doubles décalitres pesant 56 kilogr. l'hectolitre. Ce terrain a la forme d'un trapèze dont la hauteur est égale au rayon d'un cercle de 12 hectares 56 ares; l'une des bases de ce trapèze est égale à 3 hectomètres $\frac{1}{2}$; quelle est l'autre base? (Concours pour les bourses au collége Chaptal, juin 1874.) (Rép. 150m.)

928. J'ai acheté aujourd'hui 4 demi-décastères de bois à 30f,90 le stère; pour les payer, il m'a fallu retirer un certain capital que j'avais placé il y a 8 mois, et y joindre les intérêts qu'il a rapportés pendant ces 8 mois à 4 $\frac{1}{2}$ pour 100. Quel était ce capital? (Concours pour les bourses au collége Chaptal, juin 1874.)
(Rép. 600 fr.)

929. Un réservoir est plein aux $\frac{2}{3}$ d'une certaine quantité d'eau destinée à l'arrosage; une première fois on a puisé les $\frac{3}{8}$ de cette eau; une 2e fois $\frac{1}{6}$; une 3e fois $\frac{1}{12}$, et il reste encore dans le bassin 4 hectolitres et 5 litres. Quelle est en mètres cubes la capacité totale de ce réservoir? (Concours pour les bourses au collége Chaptal, juin 1874.) (Rép. 1mc,620.)

930. La capacité d'une bouteille est les $\frac{5}{6}$ d'un litre. Quelle est la somme en monnaie d'argent qui représente le poids de l'eau que peut contenir cette bouteille? (Concours pour les bourses d'externes dans les écoles municipales supérieures de Paris, 1874.)

(Rép. 166f,60 plus $\frac{1}{3}$ d'une pièce de 20 centimes.)

931. Un ouvrier a doré extérieurement un abat-jour en cuivre dont les diamètres sont de 25 centimètres et 7 centimètres. Le côté nommé *apothème* a 134^{mm}. Quel est le prix de la dorure, à raison de 0^{f},03 le centimètre carré ? (Concours pour les bourses d'externe dans les écoles municipales supérieures, 1874.)

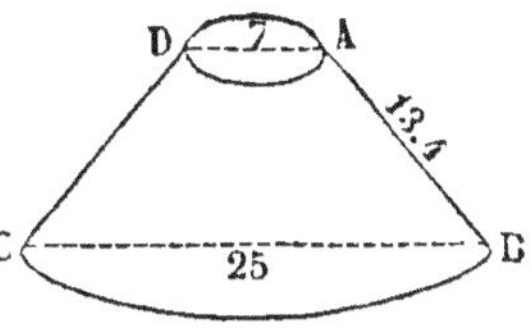

(Rép. 20^{f},21.)

932. Combien faut-il ajouter de mètres cubes, pesant chacun 1500 kilogr. et renfermant 40 pour 100 de calcaire, dans un hectare de terre labourée à une profondeur de 0^{m},30, pour que cette terre, qui pèse 1400^{k} le mètre cube et qui contient déjà $\frac{1}{2}$ pour 100 de calcaire, en contienne 2 pour 100 ? (Nièvre, juin 1874.)

(Rép. 110^{mc},526.)

933. Un bassin en fonte a la forme d'une demi-sphère ; son diamètre intérieur est de 3^{m},44 ; son épaisseur est de 0^{m},038. On demande : 1° la capacité de ce bassin ; 2° son prix à raison de 221^{f} la tonne ; 3° le prix de la peinture extérieure de la partie courbe et de la partie plane, à 4^{f},15 le mètre carré ; 4° la hauteur du cylindre équilatéral qui aurait la même capacité que ce bassin. La densité de la fonte est de 7,3. (Amiens, 1874.)

(Rép. 1° 10^{mc},65725 ; 2° 1164^{f},92 ; 3° 82^{f},31 ; 4° 2^{m},385.)

934. Une lampe contenant une quantité convenable d'essence minérale pèse 206^{g}. Après avoir brûlé pendant 5^{h} 30^{m}, elle pèse 170 grammes. La densité de l'essence est 0,72, et le prix est de 1 fr. le litre. Quelle est la dépense par heure ? (Rép. 0^{c},9.)

935. Combien faudra-t-il de temps à une personne pour compter 1 milliard en pièces de 5 fr., en supposant qu'elle compte 2 pièces par seconde, qu'elle travaille 12 heures par jour, et 26 jours par mois ? (Rép. 7^{a} 5^{m} 9^{h} 46^{m} 40^{s}.)

936. 1° Dans un litre de fer-blanc destiné à mesurer le lait (*Arith.*, n° **200**), et ayant, par conséquent, pour hauteur et pour diamètre 108^{mm},4, on introduit 5 œufs choisis parmi les plus gros ; on remplit le litre d'eau, puis on ôte les œufs. Cela fait, le vide qui en résulte dans le litre est de 32^{mm},5 de hauteur. On demande le volume de chaque œuf.

2° On recommence l'expérience en employant 5 œufs choisis parmi les plus petits ; le vide est alors de 21^{mm},7 de hauteur. On demande le volume de chaque œuf.

3° Quel est le volume moyen d'un œuf ?

(Rép. 1° 60 centimètres cubes ; 2° 40 centimètres cubes ; 3° 50 centimètres cubes.)

937. On a mis dans une prairie un troupeau de 30 bœufs ; au bout de 25 jours, ils avaient mangé toute l'herbe de la prairie et toute celle qui y avait crû pendant ces 25 jours. On a laissé croître l'herbe dans la prairie pendant 30 jours, puis on y a mis un troupeau de 40 bœufs. Au bout de 20 jours toute l'herbe a été mangée, y compris celle qui avait crû pendant ces 20 jours. 1° Quelle était primitivement la quantité d'herbe dans la prairie ? 2° Quelle est la quantité qui y croissait pendant 1 jour ?

(Rép. 1° 250 rations ; 2° 16 rations.)

938. En Égypte, sous les Ptolémée, l'unité principale de poids nommée *talent* était le poids de l'eau contenue dans un pied cube ; le pied valait 35 centimètres. Le talent se divisait en 120 mines, la mine en 12 onces, l'once en 144 karats. Quel est le poids du karat ? (Rép. 0^{g},206.)

939. En Égypte, sous les Ptolémée, le *statère* d'or valait autant qu'une mine d'argent monnayé dont le titre était 0,950. La mine était un poids de 357 grammes. 1° Quelle était la valeur du statère en francs ? 2° Quel était son poids, en supposant que l'or valût 12 fois $\frac{1}{2}$ l'argent monnayé et qu'il fût au même titre ? (Rép. 1° 75^{f},37 ; 2° 28^{gr},56.)

940. L'année musulmane se compose de 12 mois lunaires qui sont alternativement de 29 et de 30 jours, ce qui fait 354 jours pour une année *commune*. De plus, on intercale un jour onze fois en 30 ans, ce qui fait dans chaque période de 30 ans 11 années de 355 jours. Ces années *intercalaires* sont réglées ainsi qu'il suit : on compte d'abord chaque année pour 354 jours $\frac{11}{30}$; toutes les fois

que la fraction ne dépasse pas $\frac{1}{2}$, on la néglige et on la reporte à l'année suivante; lorsqu'elle est plus grande que $\frac{1}{2}$, on ajoute 1 jour et on retranche l'excès à l'année suivante. Quels rangs occuperont les années intercalaires dans chaque période de 30 ans?
(Rép. 2; 5; 7; 10; 13; 16; 18; 21; 24; 26 et 29.)

941. Un iman (ministre de la religion musulmane) vient de mourir à l'âge de 113 ans d'après le calendrier musulman. Combien cela fait-il d'après le calendrier grégorien?
(Rép. 109 ans 7 mois 20 jours.)

942. On suppose qu'un déluge détruise tous les habitants de la terre, excepté *six*, et que la population double en 150 ans. Au bout de combien de siècles la population de la terre dépasserait-elle un milliard d'habitants? (Rép. 41 siècles environ.)

943. Un ouvrier a 3542 francs d'économies et y ajoute 32 francs au bout de chaque mois; son frère a 5411 francs d'économies et y ajoute 25 francs chaque mois. On demande: 1° au bout de combien de temps ils auront autant d'économie l'un que l'autre; 2° quel sera alors le montant de cette économie?
(Rép. 1° 22 ans 3 mois; 2° 12 086 francs.)

944. Un individu place 1000 francs au commencement de chaque année à 6 pour 100 par an et à intérêts simples. Il laisse les intérêts s'accumuler avec les capitaux. On demande à quelle époque le total sera de 7000 francs.
(Rép. Au bout de 5 ans et 100 jours.)

945. Avec 100 grammes de cuivre, on voudrait fabriquer des pièces de 1 franc sans avoir d'argent de reste. 1° Combien aura-t-on de pièces de 1 franc? 2° Combien emploiera-t-on d'argent? 3° Combien aura-t-on de cuivre de reste?
(Rép. 1° 121; 2° 505g,175; 3° 0g,175.)

946. Une ouvrière gagne 2 francs par jour; elle achète une machine à coudre pour 250 francs avec faculté de payer par à-compte de mois en mois, moyennant une augmentation de $\frac{1}{2}$ pour 100 par mois; au moyen de cette machine elle gagne 3f,50 par jour; elle consacre l'augmentation de son salaire à payer la machine. Au bout de combien de mois la machine sera-t-elle payée? L'ouvrière travaille 26 jours par mois.

(Rép. Au bout de 7 mois, avec 18f,25 de reste.)

947. On emprunte 10 000 francs qu'on paye avec cinq billets d'égales valeurs nominales, payables de 6 en 6 mois; ces billets sont acceptés moyennant un escompte de 6 pour 100 par an. Quel sera le montant de chaque billet? (Rép. 2197f,80.)

948. Les mesures de capacité pour les liquides sont en étain allié avec du plomb; elles doivent contenir au plus 0,18 de leur poids de plomb; la densité de ce métal est 11,299; celle de l'étain 7,305; celle de l'alliage contenant 0,18 de plomb est 7,765. On demande si les deux métaux en s'alliant ont augmenté ou diminué de volume. $\left(\text{Rép. Le volume a augmenté de } \frac{1}{213}.\right)$

949. On a 10 000 mètres cubes de terre à transporter à 50 mètres de distance. Quel est le plus économique d'effectuer ce transport à la brouette ou au tombereau? Chaque brouette contient $\frac{1}{10}$ de mètre cube, et il faut 2 minutes pour la remplir; l'ouvrier parcourt 3000 mètres par heure et on le paye 5 francs par journée de 10 heures. Chaque tombereau contient 1 mètre cube et il faut 20 minutes pour le remplir; l'ouvrier, le cheval et la voiture parcourent 3000 mètres par heure et on les paye 10 francs par jour.

(Rép. Par l'emploi de la brouette on obtient une économie de 333f,33.)

950. En supposant la distance de 500 mètres au lieu de 50 mètres, et en adoptant d'ailleurs les mêmes données que dans le numéro précédent, quel est le plus économique des deux modes de transport? (Rép. De l'emploi du tombereau résulte une économie de 11 666f,67.)

951. Quatre associés ont formé une entreprise commerciale:

Le premier a fourni...........	10 000	francs.
Le second....................	12 000	»
Le troisième.................	50 000	»
Le quatrième.................	120 000	»

Le premier s'est chargé de gérer cette entreprise moyennant un prélèvement de 10 pour 100 sur les bénéfices, avant le partage; le second s'est chargé des relations au dehors : achats, recouvrements, etc., moyennant un prélèvement de 5 pour 100; les deux autres sont restés simples commanditaires.

A l'expiration de la société, ils ont cédé leur maison de commerce, y compris les marchandises et les recouvrements à effectuer, à un successeur qui leur a donné 250 000 francs outre les dettes qu'il s'est chargé de payer. Combien revient-il à chaque associé sur la somme reçue du successeur?

(Rép. Au premier, 18 367f,71; au deuxième, 17 981f,25; au troisième, 62 838f,54; au quatrième, 150 812f,50.)

952. Un sac contient des pièces d'or et des pièces d'argent; la somme totale vaut 2360 francs et pèse 2375 grammes. Quelle est la somme en or et quelle est la somme en argent?

(Rép. 2015 francs d'or et 345 francs d'argent.)

953. Une maison se compose : 1° d'un sous-sol de 4 mètres de hauteur; 2° d'un rez-de-chaussée et entresol dont la hauteur surpasse celle du sous-sol de la moitié de la hauteur de la partie qui est au-dessus de l'entresol; 3° de cette dernière partie dont la hauteur est égale à celle des sous-sol, rez-de-chaussée et entresol ensemble. Quelle est la hauteur totale de la maison?

(Rép. 32 mètres.)

954. Un hectolitre rempli de fragments de pierres à chaux pèse 156 kilogrammes, non compris le poids de la mesure qui les contient; pour remplir les vides que les fragments laissent entre eux, il faut 43l,5 d'eau. 1° Quelle est la densité de la pierre à chaux? 2° En supposant que la pierre à chaux perde à la cuisson $\frac{1}{5}$ de son poids, quelle est la densité de la chaux en bloc? 3° quel est le poids de l'hectolitre de chaux en fragments?

(Rép. 1° 2,76; 2° 2,21; 3° 124k,8.)

955. Un ouvrier reçoit pour son travail 3 francs par jour et la nourriture; les jours où il ne travaille pas, on lui retient 2 francs pour sa nourriture; au bout de 30 jours, il reçoit 45 francs. Combien a-t-il travaillé de jours? (Rép. 21 jours.)

956. Une personne qui a emprunté 10 000 francs à 6 pour 100, trouve, au bout d'un certain temps, à emprunter à $4\frac{1}{2}$ pour 100; à ce taux elle emprunte 10 000 francs qu'elle emploie à payer le premier prêt. Au bout de l'année elle a payé en tout 512^f,50 d'intérêts. Pendant combien de mois a-t-elle payé 6 pour 100, et pendant combien de mois a-t-elle payé $4\frac{1}{2}$ pour 100?

(Rép. 6 pour 100 pendant 5 mois et $4\frac{1}{2}$ pour 100 pendant 7 mois.)

957. On a un ouvrage très-pressé; chaque jour de retard cause un dommage de 5 francs; un ouvrier s'engage à le faire en 7 jours à 6 francs par jour, ou en 5 jours à 9 francs par jour. Quelle est l'offre la plus avantageuse? (Rép. La seconde : on y gagne 7 francs.)

958. Un marchand gagne sur la vente d'une partie de ses marchandises 8 pour 100 du prix d'achat, et sur une autre partie 12 pour 100; au bout de l'année, il a vendu pour 54 000 francs et a gagné 5400 francs. Pour quelle somme a-t-il vendu de l'une et de l'autre espèce de ses marchandises?

(Rép. Pour 11 664 francs de la première, et pour 42 336 francs de la seconde.)

959. On emploie 5 ouvriers pour faire un ouvrage; au bout de 4 jours, voulant accélérer le travail, on augmente leur tâche et on leur donne 2 francs de plus par jour; en même temps on prend 3 ouvriers de plus; 2 jours après, l'ouvrage est terminé et on paye en tout aux ouvriers la somme de 212 francs. Quelle était la paye journalière de ces ouvriers? (Rép. 5 francs.)

960. On fond 2^k,09115 d'argent pur avec 418^{gr},23 d'un alliage d'argent qui renferme les 0,6 de son poids de cuivre. Quel est le titre du second alliage? (Rép. 0,900.)

961. Quelle est la température d'un mélange de 4 kilogrammes d'eau à 50 degrés, avec 2 kilogrammes de glace à zéro, sachant que la glace en se fondant absorbe 79 degrés de chaleur?

(Rép. 7 degrés au-dessus de zéro.)

962. La dilatation du fer est de 0,0000122 de sa longueur pour chaque degré centigrade d'augmentation en température. Quelle est la dilatation d'une règle en fer de 2 mètres, pour 25 degrés de réchauffement? (Rép. 0^m,00061.)

963. La dilatation en surface, *double* de la dilatation linéaire, étant de 0,0000244 pour le fer, de combien se dilatera une surface de fer de 4 mètres carrés, pour 100 degrés centigrades de réchauffement? (Rép. De $0^{mq},009760$.)

964. La dilatation en volume, *triple* de la dilatation linéaire, étant de 0,0000366 pour le fer, de combien augmentera le volume d'une masse de fer de 2 mètres cubes, pour 100 degrés centigrades de réchauffement? (Rép. De $0^{mc},007320$.)

965. Un tube de plomb a 3 centimètres de diamètre extérieur et $0^{m},025$ de diamètre intérieur; la densité du plomb est 11,3. Quel sera le poids d'un mètre de ce tube? (Rép. $2^{k},441$.)

966 Combien pèse une poutre en chêne qui occupe un volume de $1^{m.c},875$? On sait, en outre, que 1,15 est la densité du chêne. (Rép. $2156^{k},25$.)

967. Quelle est la densité d'une barre d'argent qui occupe un volume de 825 centimètres cubes et qui pèse $8^{k},66250$? (Rép. 10,50.)

968. Une compagnie industrielle dont le capital social est de 7 millions partagés en 7000 actions de 1000 francs chacune paye à chaque actionnaire un dividende annuel de $67^{f},50$. Quelle est la valeur d'une action, en supposant l'intérêt à 5 p. 100? (Rép. 1350 francs.)

969. Diophante d'Alexandrie, regardé comme l'inventeur de l'algèbre, passa $\frac{1}{6}$ de son existence dans l'enfance; $\frac{1}{12}$ dans la jeunesse; il se maria et passa $\frac{1}{7}$ de sa vie, plus 5 ans, avec sa femme, avant d'avoir un fils, auquel il survécut de 4 ans, et qui en mourant, avait la moitié de l'âge auquel mourut son père. Combien d'années Diophante a-t-il vécu? (Rép. 84 ans.)

970. La latitude d'une ville est de 47 degrés nord. Quelle est sa distance à l'équateur? (Rép. $5222^{kil},222$.)

971. Quel est le traitement d'un fonctionnaire qui dépense les $\frac{3}{7}$ de ses honoraires pour sa nourriture, $\frac{1}{8}$ pour son logement, et les $\frac{2}{17}$ pour son entretien? On sait en outre qu'à la fin de l'année il lui reste la somme de 939 francs d'économies. (Rép. 2856 fr.)

972. Un marchand de bois veut placer 36 864 stères de bois dans un chantier de 64 mètres de long sur 48 mètres de large. Quelle sera la hauteur de la pile de bois? (Rép. 12 mètres, ou 12,06.) (Voir le tome II.)

973. Une liqueur coûte 5 francs l'hectolitre. Combien aura-t-on d'hectolitres de cette liqueur avec un sac d'argent du poids de 2^k,025. (Rép. 81.)

974. 3 frères ont acheté ensemble un terrain, sur lequel ils ont fait construire une usine. Les constructions payées, tous frais couverts, l'opération leur revient à la somme de 590 000 francs. Chacun d'eux est intéressé dans la dépense totale : l'aîné pour les $\frac{4}{5}$, le cadet pour la moitié du surplus, et le plus jeune pour les $\frac{2}{3}$ du prix du terrain. Calculer le prix de ce terrain et le montant des dépenses des constructions.
(Rép. 1° 88 500 francs ; 2° 501 500 francs.)

975. Calculer la latitude de Paris (Observatoire), sachant que cette ville est située à 5426^k,265 de l'équateur. (Rép. 48° 50′ 11″.)

976. A quelle distance deux villes, placées sur le même méridien, sont-elles l'une de l'autre, sachant qu'elles sont situées, la première à 15 degrés de latitude nord, et la seconde à 12 degrés de latitude sud ? (Rép. A 3000 kilomètres.)

977. Un particulier prête une certaine somme d'argent au taux de 5 p. 100, et, au bout de 15 mois, retire 8925 francs, tant pour le capital que pour son intérêt. Quelle somme a-t-il prêtée?
(Rép. 8400 francs.)

978. Un vase vide pèse 8 hectogrammes; sa capacité est de 4 litres $\frac{1}{2}$; on y verse 3 litres 2 décilitres d'eau, après quoi on achève de le remplir avec du mercure. Quel est le poids du vase ainsi rempli? On sait en outre que le poids du mercure est de 13^g,56 par centimètre cube. (Rép. 21^k,628.)

979. Un marchand a achevé de remplir avec de l'eau un tonneau de 250 litres de vin, dans lequel il restait 175 litres de ce liquide, au prix de 60 centimes le litre. A combien revient le prix de ce mélange? (Rép. A 42 centimes.)

980. A quel titre est un lingot composé 1° de 95 grammes d'argent au second titre ; 2° de 125 grammes au premier titre; 3° d'une somme d'argent monnayé de 150 francs ; 4° de 55 grammes de cuivre? (Rép. Au titre de 0,801.)

981. Dans quel rapport doit-on mêler du café à 3 francs le kilogramme et du café à 2f,20 le kilogramme pour obtenir une qualité moyenne à 2f,50 le kilogramme?
(Rép. Dans le rapport de 3 à 5.)

982. Une personne laisse par testament 1000 francs à l'aîné de ses enfants, plus $\frac{1}{6}$ du reste de son bien ; 2000 francs au second, plus $\frac{1}{6}$ du reste ; 3000 francs au troisième, plus $\frac{1}{6}$ du reste, et ainsi de suite. Tout son bien étant ainsi partagé par égales por tions entre ses enfants, trouver la part de chaque héritier, le nombre des enfants et le montant du bien du défunt.
(Rép. Chaque enfant a 5000 francs ; il y a cinq enfants, et l'héritage est de 25000 francs.)

983. On a des liquides à 55 francs, 48 francs, 44 francs, 30 francs et 28 francs l'hectolitre. Après avoir mélangé par parties égales les trois premiers, ainsi que les deux derniers, dans quel rapport mélangera-t-on ces deux liquides pour que le nouveau mélange vaille 40 francs l'hectolitre ?
(Rép. Dans le rapport de 11 à 9.)

984. Une personne charitable rencontre trois pauvres ; elle donne au premier le tiers de ce qu'elle a dans sa bourse, au second le quart et au troisième le douzième. Il lui reste 2 francs et le quart de ce qu'elle a donné. Combien avait-elle?
(Rép. 12 francs.)

985. Une personne charitable rencontre un pauvre auquel elle donne le neuvième de son argent. Elle en rencontre un autre auquel elle donne le quart de ce qui lui reste. Plus loin, elle en rencontre deux ; elle donne à l'un les $\frac{2}{3}$ de ce qui lui reste, et à l'autre 5 francs; elle rentre chez elle avec 3 francs. Combien avait-elle d'abord? (Rép. 36 francs.)

986. On demande un nombre de deux chiffres qui, divisé par 8 et par 9, donne le même nombre 3 pour reste. (Rép. 75.)

987. Partager 931 en 4 parties sous les conditions suivantes :

$$1^{re} : 2^{e} :: \frac{1}{4} : \frac{1}{3},$$

$$2^{e} : 3^{e} :: \frac{3}{5} : \frac{1}{2},$$

$$3^{e} : 4^{e} :: \frac{1}{8} : \frac{1}{6}.$$

(Rép. 189; 252; 210; 280.)

988. Un ouvrier qui gagne plus de 3 francs par jour reçoit 48 francs pour plusieurs journées complètes de travail ; le même ouvrier reçoit 54 francs pour un autre nombre entier de journées de travail. Combien gagne-t-il par jour?
(Rép. 6 fr.)

989. On propose de payer 149 francs avec 40 pièces, les unes de 5 francs et les autres de 2 francs. Combien faudra-t-il donner de chacune de ces pièces?
(Rép. 23 pièces de 5 francs et 17 de 2 francs.)

990. Une montre marque midi. On demande à quelle heure se fera la prochaine rencontre des aiguilles.
(Rép. A 1 heure et $\frac{1}{11}$ d'heure, ou à $1^h\,5^m\,\frac{5}{11}$.)

991. On fait un mélange d'eau de mer et d'eau douce. La quantité d'eau douce est les $\frac{4}{7}$ de celle d'eau de mer. Combien y a-t-il de litres d'eau de chaque espèce dans ce mélange, sachant d'ailleurs qu'il y a 129 litres d'eau de mer de plus que d'eau douce ?
(Rép. 301 litres d'eau de mer et 172 litres d'eau douce.)

992: Une place de guerre assiégée n'a plus que pour 5 jours de vivres; si elle tient encore pendant 8 jours, elle recevra des secours. A combien faut-il réduire la ration de chacun des assiégés pour qu'ils puissent être secourus ? (Rép. A $\frac{5}{8}$ de ration.)

993. Un marchand a acheté une pièce de vin à raison de 2 francs le litre. Il en vend le tiers à 3 francs le litre, le cinquième à 2f,50, le sixième à 4 francs et le reste à 5 francs. Il fait un bénéfice de 440 francs. Combien la pièce contenait-elle de litres? (Rép. 264 litres.)

994. Les élèves d'un collége sont inégalement répartis dans six salles d'étude. Pour qu'il y eût le même nombre d'élèves dans chaque salle, il faudrait 10 élèves de plus dans la 2e, 7 dans la 3e, 3 dans la 4e, 2 dans la 5e et 1 dans la 6e. Une septième salle, qui contient 23 élèves, sert à faire cette égale répartition. On sait en outre que le collége contient 210 élèves. Combien y-a-t-il d'élèves dans chaque salle?

(Rép.
35 dans la 1re;
25 — 2e;
28 — 3e;
32 — 4e;
33 — 5e;
34 — 6e;
23 — 7e.

En tout 210.)

995. On emploie dans une usine des hommes, des femmes et des enfants en pareil nombre. Chaque semaine, on dépense pour les payer 3723 francs. Chaque homme reçoit 40 francs, chaque femme 21 francs, et chaque enfant 12 francs. Combien d'hommes, de femmes et d'enfants, travaillent dans cette usine? (Rép. 51.)

996. Le produit de deux nombres est 547 200, et l'on a 160 fois le plus petit quand on prend la 45e partie de ce produit. Quels sont ces deux nombres? (Rép. 76 et 7200.)

997. En Angleterre et en Amérique, on fait usage du thermomètre de Fahrenheit. Ce thermomètre marque 32° pour la glace fondante et 212° pour l'eau bouillante. Quelle est la température du thermomètre centigrade qui répond à 53° du thermomètre de Fahrenheit? (Rép. $11° \frac{2}{3}$.)

998. Quelle est la température du thermomètre de Fahrenheit qui correspond à 65° centigrades? (Rép. 149°.)

999. Un homme, monté sur un vélocipède dont la roue motrice a 1 mètre de diamètre, imprime à cette roue une vitesse de 1 tour et $\frac{1}{4}$ par seconde. Combien lui faudra-t-il de temps pour parcourir une distance de 26 kilomètres, en supposant qu'il se repose pendant 10 minutes au bout de chaque heure de marche?

On considérera la circonférence comme égale aux $\frac{22}{7}$ de son diamètre. (Rép. $2^h\ 18^s\ \frac{2}{11}$.)

1000. La surface d'une ellipse est moyenne proportionnelle entre les surfaces de deux cercles qui ont respectivement les deux axes pour diamètres. Cela posé, quelle est la surface d'une pelouse elliptique dont les deux axes sont respectivement de 28 mètres et de 12 mètres? (Rép. $263^{mq},8944$, en prenant 3,1416 pour le rapport de la circonférence au diamètre.)

FIN.

TABLE DES MATIÈRES.

PREMIÈRE PARTIE.

Examen pour le certificat d'études (ou brevet de sous-maîtresse).

DEUXIÈME PARTIE.

Examen du second ordre (brevet d'institutrice).

TROISIÈME PARTIE.

Examen du premier ordre (ou du degré supérieur).

QUATRIÈME PARTIE.

Examen pour le brevet d'instituteur primaire.

CINQUIÈME PARTIE.

Salles d'asile.

SIXIÈME PARTIE.

FIN DE LA TABLE.

PARIS. — TYPOGRAPHIE LAHURE
Rue de Fleurus, 9

AUTRES OUVRAGES DE M. TARNIER

PUBLIÉS PAR LA MÊME LIBRAIRIE :

ARITHMÉTIQUE

1° **Arithmétique in-18** (Cours élémentaire), 7ᵉ édition, 75 c.

2° **Arithmétique in-12** (Cours moyen), 7ᵉ édition, 2 fr.

3° **Arithmétique in-8°** (Cours supérieur; classes de mathématiques élémentaires), 8ᵉ édition, 4 fr.

4° **Problèmes d'arithmétique**, in-12 :

Tome Iᵉʳ : *Énoncés*, 4ᵉ édition, 2 fr.

Tome II : *Solutions raisonnées*, 4ᵉ édition, 3 fr.

5° **Tableaux du système métrique**, 8 feuilles coloriées, 45 cent. de hauteur sur 56 cent. de largeur, 4 fr.

Collés sur toile avec gorge et rouleau, 11 fr.

6° **Carte murale du système métrique.** Mesures effectives et de grandeur naturelle, 9 feuilles coloriées, ensemble 1 mètre 60 cent. de hauteur sur 2 mètres 15 cent. de largeur, 10 fr.

Collée sur toile avec gorge et rouleau, 22 fr.

7° **Petit tableau du système métrique**, imprimé en couleurs sur un seul morceau de toile de 1 mètre 20 cent. de hauteur sur 90 cent. de largeur, et monté sur gorge et rouleau, 7 fr.

8° **Petit manuel du système métrique**, in-12, 3ᵉ édition, 1 fr.

ALGÈBRE

1° **Algèbre in-12** (pour les classes de lettres), 2 fr. 50 c.

2° **Algèbre in-8°, 1ʳᵉ partie** (pour les classes de mathématiques élémentaires), 6ᵉ édition, 5 fr.

3° **Algèbre in-8°, 2ᵉ partie** (pour les classes de mathématiques spéciales), 5 fr.

TRIGONOMÉTRIE

Éléments de trigonométrie, in-8°, 5ᵉ édition, 4 fr. 50 c.

Nouvelle théorie des logarithmes, in-8°, 2 fr.

Typographie Lahure, rue de Fleurus, 9, à Paris.

www.ingramcontent.com/pod-product-compliance
Lightning Source LLC
Chambersburg PA
CBHW072352200326
41519CB00015B/3747

* 9 7 8 2 0 1 4 4 7 7 0 2 3 *